普通高等教育"十三五"规划教材
微电子与集成电路设计系列规划教材

半导体薄膜技术基础

李晓干 刘 勍 王 奇 编著

电子工业出版社
Publishing House of Electronics Industry
北京·BEIJING

内 容 简 介

本书对当前主要应用的薄膜技术及相关设备进行了深入浅出的介绍,主要包括作为最重要的半导体衬底的硅单晶材料学、薄膜基础知识、PVD 技术、CVD 技术及其他相关的薄膜加工技术,在对各种技术进行介绍的同时,还对各种技术所应用的设备进行简要介绍。本书提供配套电子课件。

本书作为半导体薄膜技术的入门书籍,既有薄膜技术的基本理论介绍,又提供了大量的设备基本结构知识,可以作为微电子等相关专业学生的教学参考书,对从事薄膜技术的工程技术人员而言,也可以作为相关的参考资料。

图书在版编目 (CIP) 数据

半导体薄膜技术基础 / 李晓干,刘勐,王奇编著. — 北京:电子工业出版社,2018.2

微电子与集成电路设计系列规划教材

ISBN 978-7-121-32880-0

Ⅰ.①半… Ⅱ.①李… ②刘… ③王… Ⅲ.①半导体薄膜技术-高等学校-教材 Ⅳ.①TN304.055

中国版本图书馆 CIP 数据核字(2017)第 247690 号

策划编辑:王晓庆
责任编辑:王晓庆
印　　刷:北京虎彩文化传播有限公司
装　　订:北京虎彩文化传播有限公司
出版发行:电子工业出版社
　　　　　北京市海淀区万寿路 173 信箱　　邮编:100036
开　　本:787×1092　1/16　印张:9.25　字数:237 千字
版　　次:2018 年 2 月第 1 版
印　　次:2023 年 7 月第 7 次印刷
定　　价:49.00 元

凡所购买电子工业出版社图书有缺损问题,请向购买书店调换。若书店售缺,请与本社发行部联系,联系及邮购电话:(010)88254888,88258888。

质量投诉请发邮件至 zlts@phei.com.cn,盗版侵权举报请发邮件至 dbqq@phei.com.cn。

本书咨询联系方式:(010)88254113,wangxq@phei.com.cn。

前　言

硅集成电路无疑是这个时代所创造的奇迹之一，正是这种能将数以千万计的元器件集成于一块面积只有几平方厘米的硅芯片上的能力，造就了今天的信息时代。硅集成电路技术综合应用了多种不同领域的科学技术成果。薄膜技术的应用就是人们开发新材料和新器件的研究结晶，通过不同的技术手段，在半导体材料上进行薄膜的生长、腐蚀，形成所需要的各种结构，实现设计器件的功能。半导体薄膜技术已经成为硅集成电路制造工艺中不可或缺的重要一环。

半导体薄膜技术的发展几乎涉及所有的前沿学科，而半导体薄膜技术的应用与推广又渗透到各个学科及应用技术的领域中。为此，许多国家对半导体薄膜技术和薄膜材料的研究开发极为重视。从发展趋势看，在科学发展日新月异的今天，大量具有各种不同功能的薄膜得到了广泛的应用，薄膜作为一种重要的材料，在材料领域中占据着越来越重要的地位。目前，人们已经设计和开发出了多种不同结构和不同功能的薄膜材料，这些材料在化学分离、化学传感器、人工细胞、人工脏器、水处理等许多领域中，具有重要的潜在应用价值，被认为是 21 世纪膜科学与技术领域的重要发展方向之一。

本书主要介绍硅单晶材料学、薄膜基础知识、氧化技术、蒸发技术、溅射技术（PVD）、化学气相沉积（CVD）技术及其他一些半导体薄膜加工技术。集成电路芯片的制造过程实际上就是在衬底上多次反复进行薄膜的形成、光刻和掺杂等工艺加工过程的组合。在半导体工艺中，首要任务是解决薄膜加工工艺问题。集成电路技术的发展，要求制备薄膜的品种不断增加，对薄膜的性能要求日益提高，新的薄膜制备方法也不断涌现并逐渐成熟。本书主要介绍集成电路加工工艺过程中常用的薄膜制备技术，在介绍薄膜制备技术之前，对集成电路的发展历程和今后的发展趋势进行介绍，对集成电路制造中常用的衬底材料——硅的制备也进行详细介绍，然后讨论薄膜物理学。在介绍每一种薄膜制备工艺的过程中，还对各个制备工艺的设备原理进行简单介绍。通过本书的学习，读者可以掌握基本的半导体薄膜制备技术，了解薄膜制备工艺的特点和应用场所，了解不同薄膜制备工艺所制备薄膜的特点及相关测试方法，并对相关制造设备有一定了解，同时，还对部分相关设备的生产厂商进行简要介绍。

本书提供配套电子课件，请登录华信教育资源网（http://www.hxedu.com.cn）注册下载，也可联系本书编辑（wangxq@phei.com.cn，010-88254113）索取。

我们希望本书不仅成为一本简单的教材，还可以成为广大工程技术人员的一本参考手册。由于半导体薄膜的技术内容非常丰富，本书不可能包含所有的薄膜技术，所以本书以半导体薄膜技术的基础研究为目的，在此基础上再深入研究各种薄膜制备技术，将不是很困难的事。

本书由李晓干、刘勐、王奇共同编写。其中，李晓干主要编写了绪论、薄膜基础知识、氧化技术和真空镀膜技术，刘勐编写了硅单晶材料学、CVD 技术和其他半导体薄膜技术，王奇编写了溅射工艺部分。全书由李晓干、刘勐进行统稿。

由于半导体薄膜技术的发展日新月异，涉及的科学技术领域繁多，编写者的水平有限，在编写中存在错误在所难免，欢迎广大读者批评指正！

作　者

2018 年 1 月

目　　录

第1章 绪 论

学习目标

通过本章的学习，要求了解以下几点：
（1）了解半导体薄膜技术是硅集成电路中重要的一部分；
（2）简单了解薄膜技术的发展历史；
（3）薄膜的研究工作是如何开始的；
（4）薄膜技术的发展趋势；
（5）简单了解几种常用的薄膜制备工艺。

硅集成电路无疑是我们这个时代所创造的奇迹之一，正是这种能够将数以千万计的元器件集成于一块面积只有几平方厘米的硅芯片上的能力造就了今天的信息时代。在过去的几十年里，芯片的复杂性一直是以指数增长的速度在不断增加的，这主要是由于器件尺寸的持续缩小、器件工艺技术的不断改进及一些创新方法实现某些特定功能的灵巧发明。

硅集成电路技术可以说综合应用了多种不同领域的科学技术成果。光刻技术中所使用的能够制作出各种微细图形的光学分布重复光刻机，就是傅里叶光学理论在众多最先进的工程技术领域中的应用之一。等离子刻蚀技术则包含当今制造工艺技术中某些最复杂的化学反应过程，而离子注入技术则利用高能物理的研究成果，薄膜技术的应用就是人们开发新材料和新器件的研究结晶，通过不同的技术手段在半导体材料上进行薄膜的生长、腐蚀，形成所需要的各种结构，实现所设计的器件的功能，半导体薄膜技术，已经成为硅集成电路制造工艺中不可或缺的重要一环。

在一千多年以前，人们就开始利用贵金属薄膜的制备技术来制作陶瓷器皿表面的彩釉。在几个世纪前，人们就已经发现了薄膜产生的干涉现象。光学薄膜是薄膜技术中最早被深入研究的薄膜。随着光学透镜的发展，各种增透膜、减反射膜、分光膜等被精确地制备、监测和分析研究。对薄膜形成机理的研究始于20世纪20年代，为了解决白炽灯内壁形成的不透明的薄膜，人们开始研究这个薄膜形成的过程，这是研究真空蒸发镀膜的开始。因此，精确地研究薄膜形成的机理是与电真空技术的发展有密切联系的。科学和生产实践的发展事实说明，电子学的发展深刻地影响着当今社会的各个领域，而在电子学发展过程中，新材料和新器件的制造起着重要的作用，薄膜科学就是开发新材料和新器件非常重要的研究领域。电子器件的发展，尺寸越来越小，响应速度越来越快，如此发展趋势要求研究亚微米和纳米级的薄膜制造技术，这类薄膜技术包括单晶薄膜、多晶薄膜、非晶薄膜和有机分子膜等。这是科学技术的发展趋势，也是薄膜科学技术的发展趋势。

薄膜的研究工作首先是从研究如何制备薄膜这种特殊形态的材料开始的。绝大多数的薄膜是涂覆或生长在衬底之上的，由于衬底材料和薄膜材料种类繁多，因此发展了各种薄膜制备技术。薄膜的制备技术主要分为：物理气相沉积（PVD），如蒸发、溅射、离子镀、等离子镀和分子束外延等方法；化学气相沉积（CVD），如气相沉积、液相沉积、电解沉积、辉光放电沉积和金属有机物化学气相沉积（MOCVD）等方法；此外，还有许多独特的制备方法，如离子注入、各种涂覆方法等。下面简单介绍几种常用的薄膜制备工艺。

1. 磁控溅射工艺

磁控溅射工艺是 PVD 工艺的一种，一般的溅射法可被用于制备金属、半导体、绝缘体等多材料，且具有设备简单、易于控制、镀膜面积大和附着力强等优点。而 20 世纪 70 年代发展起来的磁控溅射法更是实现了高速、低温、低损伤。磁控溅射原理图如图 1-1 所示。溅射工艺是以一定能量的粒子（离子或中性原子、分子）轰击固体表面，使固体近表面的原子或分子获得足够大的能量而最终逸出固体表面的工艺。溅射只能在一定的真空状态下进行。溅射工艺主要用于溅射刻蚀和薄膜沉积两个方面。溅射刻蚀时，被刻蚀的材料置于靶极位置，受氩离子的轰击进行刻蚀。刻蚀速率与靶极材料的溅射产额、离子流密度和溅射室的真空度等因素有关。溅射刻蚀时，应尽可能从溅射室中除去溅出的靶极原子。常用的方法是引入反应气体，使之与溅出的靶极原子反应生成挥发性气体，通过真空系统从溅射室中排出。沉积薄膜时，溅射源置于靶极，受氩离子轰击后发生溅射。如果靶材是单质的，则在衬底上生成靶极物质的单质薄膜；若在溅射室内有意识地引入反应气体，使之与溅出的靶材原子发生化学反应而沉积于衬底，便可形成靶极材料的化合物薄膜。通常，制取化合物或合金薄膜是用化合物或合金靶直接进行溅射而得的。在溅射中，溅出的原子是与具有数千电子伏的高能离子交换能量后飞溅出来的，其能量较高，往往比蒸发原子高 1~2 个数量级，因而用溅射法形成的薄膜与衬底的粘附性较蒸发更佳。若在溅射时衬底加适当的偏压，可以兼顾衬底的清洁处理，这对生成薄膜的台阶覆盖也有好处。另外，用溅射法可以制备不能用蒸发工艺制备的高熔点、低蒸气压物质膜，便于制备化合物或合金的薄膜。溅射主要有离子束溅射和等离子体溅射两种方法。

2. 真空蒸发工艺

真空蒸发工艺是将固体材料置于高真空环境中加热，使之升华或蒸发并沉积在特定的衬底上，以获得薄膜的工艺方法。真空蒸发工艺在微电子技术中主要用于制作有源元件、器件的接触及其金属互连、高精度低温度系数的薄膜电阻器，以及薄膜电容器的绝缘介质和电极等。蒸发主要有电子束蒸发、多源蒸发、瞬时蒸发、激光蒸发和反应蒸发等方法。真空蒸发所得到的薄膜，一般都是多晶膜或无定形膜，经历成核和成膜两个过程。蒸发的原子（或分子）碰撞到基片时，或是永久附着在基片上，或是吸附后再蒸发而离开基片，其中有一部分直接从基片表面反射回去。真空蒸发多晶薄膜的结构和性质，与蒸发速度、衬底温度有密切关系。一般来说，衬底温度越低，蒸发速率越高，膜的晶粒越细越致密。
真空蒸发原理图如图 1-2 所示。

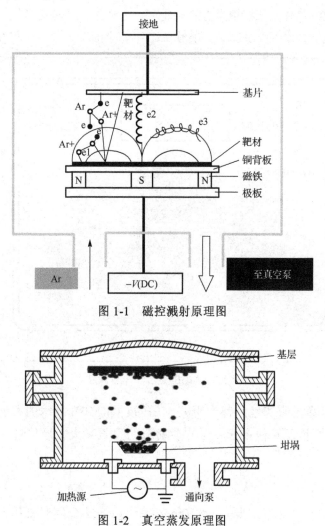

图 1-1 磁控溅射原理图

图 1-2 真空蒸发原理图

3. MBE（分子束外延）

MBE（Molecular Beam Epitaxy）分子束外延是一种新的晶体生长技术，其方法是将半导体衬底放置在超高真空的腔体中，需要生长的单晶物质按元素的不同分别放在喷射炉中，由分别加热到相应温度的各元素喷射出的分子流能在半导体衬底上生长出极薄的单晶体和几种物质交替的超晶格结构。MBE 工艺腔体示意图如图 1-3 所示。分子束外延主要研究的是不同结构和不同材料的晶体和超晶格生长。MBE 工艺温度低，可以严格控制外延层的厚度和薄膜的组成及掺杂浓度，但是 MBE 的生长速度缓慢，衬底加工面积小。

MBE 作为成熟的技术早已经应用到了微波器件和光电器件的制作中，但是由于

MBE 设备昂贵，所以普及率并不高。MBE 能对半导体异质结进行选择性掺杂，大大地扩展了掺杂半导体所能达到的性能和现象的范围，但同时对晶体生长的参数提出了更为严格的要求，如何控制晶体生长参数是 MBE 的关键技术之一。MBE 作为一种高级真空蒸发形式，随着器件性能要求的不断提高，其作为不可缺少的工艺和手段将发挥重要的作用。

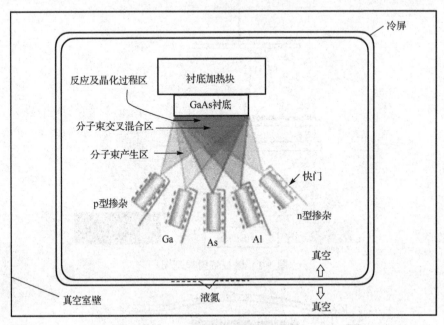

图 1-3　MBE 工艺腔体示意图

　　目前世界上许多国家和地区都在研究 MBE 技术，MBE 技术的发展推动了以砷化镓为主的Ⅲ-Ⅴ族半导体及其他多元多层异质材料的生长，大大地促进了新型微电子技术领域的发展。

4．MOCVD

　　MOCVD（Metal-Organic Chemical Vapor Deposition）金属有机化合物化学气相沉积是在气相外延生长（VPE）的基础上发展起来的一种新型气相外延生长技术。MOCVD 是以Ⅲ族、Ⅱ族元素的有机化合物和Ⅴ、Ⅵ族元素的氢化物等作为晶体生长源材料的，以热分解反应方式在衬底上进行气相外延，生长各种Ⅲ-Ⅴ族、Ⅱ-Ⅵ族化合物半导体及它们的多元固溶体的薄层单晶材料。MOCVD 工作示意图如图 1-4 所示。通常 MOCVD 系统中的晶体生长都是在常压或低压（10～100Torr）下通 H_2 的冷壁石英（不锈钢）反应室中进行的，衬底温度为 500℃～1200℃，用射频感应加热石墨基座（衬底基片在石墨基座上方），H_2 通过温度可控的液体源鼓泡携带金属有机物到生长区。MOCVD 几乎可以生长所有化合物及合金半导体，这种工艺方法非常适合生长各种异质结构材料，MOCVD 可以生长超薄的外延层，并且台阶覆盖率好，能够获得很陡的界面过渡。MOCVD 的薄膜生长速度易于控制，可以生长高纯度的材料，能够在大面积的半导体衬底上面生长薄膜，均匀性良好。

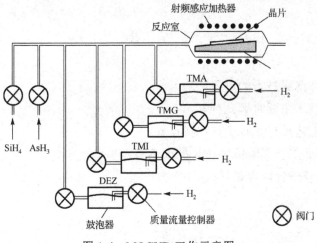

图 1-4 MOCVD 工作示意图

5. Spin-coating

Spin-coating 就是采用类似光刻胶匀胶的方式，通过旋转涂覆的方式在半导体衬底上获得厚度一致的薄膜材料的工艺方法。Spin-coating 原理示意图如图 1-5 所示。通常在半导体衬底的中心滴入需要旋涂的材料，然后通过低速旋转半导体衬底，让这种材料逐渐覆盖浸润整个半导体衬底表面，然后通过高速旋转达到所要求材料的薄膜厚度。Spin-coating 的工艺参数主要是由旋转速度、时间和所旋涂材料的粘度等决定的。

图 1-5 Spin-coating 原理示意图

在集成电路加工工艺过程中，需要利用各种薄膜，这些薄膜中，有些是器件的结构层，如多晶硅薄膜太阳能电池中的多晶硅薄膜，有些是集成电路中加工过程中起辅助作用的薄膜，如离子注入工艺中利用二氧化硅薄膜作为阻挡层，在完成离子注入工艺后，这层阻挡层薄膜通常会被去除。

本 章 小 结

本章对薄膜科学技术的发展做了简要的介绍，并介绍了目前在产业界常用的几种半导体薄膜加工技术。通过本章的学习，可以对半导体薄膜技术有简单的了解，对进一步学习半导体薄膜技术起到启蒙作用。

习　题

1. 简述半导体薄膜技术的发展趋势。
2. 薄膜制造技术主要有哪几种？
3. MOCVD 工艺具有哪些优点和特点？
4. Spin-coating 工艺影响薄膜质量的因素有哪些？
5. MBE 的主要研究内容是什么？

第 2 章　硅单晶材料学

学习目标

通过本章的学习，需要了解和掌握：
（1）硅及其常见化合物的基本性质；
（2）了解硅在自然界的常见形式；
（3）二氧化硅薄膜的几种常见生长方法；
（4）硅单晶的生长方法；
（5）硅的晶体结构；
（6）了解硅材料与半导体器件的关系。

硅元素在地球表面的含量仅次于氧元素，占将近 25.7%，硅元素在自然界中通常以氧化合物的形式存在，由于将硅元素从它的氧化物中还原出来是非常困难的一件事，因此硅元素并不是最早被发现的元素。硅在自然界中的分布很广，是组成岩石矿物的一种基本元素，以石英砂和硅酸盐的形式最为常见。

2.1　硅及其化合物的基本性质

随着固体电子学的兴起和兴盛，硅元素在日常生活中扮演着越来越重要的角色。在我们的日常生活中，半导体硅器件的影响无处不在。从日常交通工具中所使用的探测器（加速度传感器），到所使用的通信工具（移动电话），硅片所具有的识别、存储、放大、开关和处理电信号的能力，使硅在固体电子学中的地位显得越发重要。

高纯的单晶硅是重要的半导体材料，通过掺杂工艺可以形成 N 型或 P 型半导体，可以广泛应用于加工制作二极管、三极管、晶闸管和各种集成电路。在现代通信中，利用纯度很高的二氧化硅可以拉制出高透明度的玻璃纤维（光纤），代替了笨重的电缆进行通信信号的传输。光纤通信的容量很高，并且保密性好，光纤通信使人类的生活发生了革命性的改变。而没有经过提纯的单晶硅及其金属化合物组成的合金，常被用来增强铝、镁、铜等金属的强度。硅衬底及在硅衬底上加工的集成电路如图 2-1 所示。

纯净的元素硅在室温情况下，仅仅具有微弱的导电性。当掺入 V 族元素磷（P）、砷（As）、锑（Sb）时，杂质原子取代共价硅原子，晶体成为以电子导电为主的 N 型（图 2-2(a) 所示掺杂半导体），当掺入Ⅲ族元素硼（B）时，杂质取代共价硅原子，晶体成为以空穴导电为主的 P 型（图 2-2(b)所示掺杂半导体）。

图 2-1   硅衬底及在硅衬底上加工的集成电路

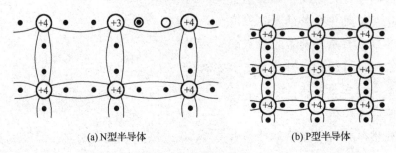

(a) N型半导体   (b) P型半导体

图 2-2   掺杂半导体

当在同一晶体上控制各部分掺入不同原子时，在这两种不同导电类型的材料间的界面便形成了 PN 结（如图 2-3 所示）。形成 PN 结、控制掺杂、控制衬底杂质浓度及缺陷是整个半导体工艺的基础。

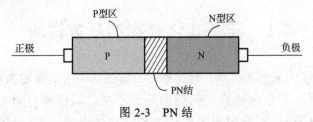

图 2-3   PN 结

硅在自然界中分布非常广，但是通常不以单质的形式出现。单质硅通常有无定形硅和晶体硅两种同素异形体。晶体硅为灰黑色，无定形硅为黑色，密度为 $2.32 \sim 2.34 \text{g/cm}^3$，熔点为 1410℃，沸点为 2355℃。晶体硅属于原子晶体，不溶于水、硝酸和盐酸，溶于氢氟酸和碱溶液，硬而有金属光泽（如图 2-4 所示）。

图 2-4   单晶硅锭和硅片

硅的电导率与温度有很大的关系，随着温度的升高，电导率增大，在 1480℃左右达到最大，而温度超过 1600℃时，硅的电导率又随温度的升高而减小。单晶硅的物理性质如表 2-1 所示。

表 2-1　单晶硅的物理性质

系　列	类　金　属
族	ⅣA 族
周期	3
元素分区	p 区
密度	2328.3kg/m³
常见化合价	+4
硬度	6.5
地壳含量	25.7%
弹性模量	190GPa（有些文献中为这个值）
密度	2.33g/cm³（18℃）
熔点	1687K（1414℃）
沸点	3173K（2900℃）
摩尔体积	$12.06×10^{-6}$m³/mol
汽化热	384.22kJ/mol
熔化热	50.55 kJ/mol
蒸气压	4.77Pa（1683K）
间接带隙	1.1eV（室温）
电导率	$2.52×10^{-4}$/（m·Ω）
电负性	1.90（鲍林标度）
比热	700 J/(kg·K)

　　硅原子具有明显的非金属特性，硅原子位于元素周期表第 Ⅳ 主族，原子序数为 14，核外有 14 个电子。硅原子的电子结构使硅原子处于亚稳定结构，硅原子的价电子相互之间以共价键结合，由于共价键比较稳定，所以硅具有较高的熔点和密度。硅的化学性质比较稳定，常温下很难与其他物质（氢氟酸和碱溶液除外）发生反应。硅晶体中没有明显的自由电子，它能导电，但电导率不及金属，且随温度的升高而增大，具有半导体性质。在加热的状态下，硅能与单质元素卤素、氮、碳等非金属作用，也能与某些金属如镁、钙、铁、铂等作用形成硅化物。

　　硅的化合物有很多，在半导体薄膜技术中常用的有氧化硅、氮化硅。单质形态下的多晶硅也是常用的一种薄膜技术。下面简要介绍这几种常用的含硅薄膜的一些基本性质。

　　二氧化硅是硅的氧化物，化学式为 SiO_2。常温下，纯二氧化硅为无色固体，不溶于水，不溶于除氢氟酸和热浓磷酸以外的其他酸，能与熔融碱类发生化学作用。硅在自然界中通常以晶体型（石英）和无定形两种形式存在，如图 2-5 所示。

(a)玛瑙原石　　　　　　　　(b)水晶

图 2-5　自然界中的二氧化硅

在半导体薄膜技术中，硅在高温状态下与氧气反应生成 SiO_2，也就是我们通常说的氧化工艺。化学方程式如下

$$Si+O_2=SiO_2（高温） \tag{2-1}$$

1957 年，人们发现硼、磷、砷、锑等杂质元素在二氧化硅中的扩散速度比在硅中的扩散速度要慢得多，1960 年，SiO_2 在半导体工艺中被用于选择扩散的掩蔽薄膜，导致硅平面工艺的诞生，从而使半导体器件制造技术进入了一个崭新的阶段。氧化工艺是半导体器件和集成电路制造工艺中的基本工艺，生成 SiO_2 的工艺方法有很多，如高温热氧化、化学气相沉积、真空蒸发等。其中尤以高温热氧化技术应用最为广泛，至今仍是集成电路中制造 SiO_2 最主要的工艺方法。

热氧化形成的 SiO_2 薄膜具有无定形玻璃状结构，是"短程有序"排列的。由于 SiO_2 网络结构具有无序性，网络结构疏松不均匀，其中存在着无规则的空洞，因此，二氧化硅膜的密度比石英晶体的密度小，并且没有固定的熔点。

二氧化硅的物理性质可用它的物理参数来表示，如密度、折射率、电阻率和介电常数等。几种不同工艺加工的 SiO_2 薄膜的物理性质如表 2-2 所示。

表 2-2　几种不同工艺加工的 SiO_2 薄膜的物理性质

工艺方法	密度（g/cm^3）	折射率（$\lambda=546nm$）	电阻率（$\Omega \cdot cm$）	介电常数	介电强度（$10^6V/cm$）
干氧	2.24~2.27	1.460~1.466	$3\times10^5~2\times10^6$	3.4（10kHz）	9
湿氧	2.18~2.21	1.435~1.458		3.82（1MHz）	
水汽	2.00~2.20	1.452~1.462	$10^{15}~10^{17}$	3.2（10kHz）	6.8~9
热分解沉积	2.09~2.15	1.43~1.45	$10^7~10^8$		
外延沉积	2.3	1.46~1.47	$7~8\times10^{14}$	3.54（1MHz）	5~6

SiO_2 薄膜具有很高的化学稳定性，它不溶于水，与酸（氢氟酸、热磷酸除外）不发生反应。在薄膜的应用中，主要利用氢氟酸（HF）腐蚀 SiO_2 的方法来形成所需的图形和结构。氢氟酸与 SiO_2 的化学反应方程式如下

$$SiO_2+4HF=SiF_4\uparrow+2H_2O \tag{2-2}$$

$$SiF_4 + 2HF = H_2SiF_6 \tag{2-3}$$

式中，六氟硅酸 H_2SiF_6 是可溶于水的络合物，在半导体工艺中，扩散窗口和光刻窗口的形成就是利用了 SiO_2 这一重要性质。SiO_2 在 HF 中的腐蚀速率，随 HF 浓度的增大与腐蚀反应温度的增高而增大，而且还与 SiO_2 结构和薄膜中所含杂质有关，含磷的 SiO_2 薄膜腐蚀速率快，含硼的 SiO_2 薄膜腐蚀速率慢。

SiO_2 薄膜具有一定的绝缘性，当 SiO_2 中的电场强度达到某一数值时，SiO_2 薄膜将会失去其绝缘性能，这种情况称为 SiO_2 薄膜的击穿。SiO_2 薄膜的击穿分为本征击穿和非本征击穿。非本征击穿是由于 SiO_2 薄膜中的针孔、微裂缝、杂质等引起的，它并不能反映 SiO_2 本身的特征。工艺因素对 SiO_2 薄膜的非本征击穿具有很大的影响，如果生长参数选择正确、洁净度高、电极材料与 SiO_2 薄膜相匹配，则非本征击穿的百分数将下降。本征击穿电场反映了 SiO_2 薄膜的本身特性，发生本征击穿的机理主要有热击穿、电击穿和热电混合击穿。工艺条件对本征击穿也有一定的影响，如氧化前的处理、氧化温度等，而 SiO_2 薄膜的厚度引入的应力也会对本征击穿具有一定的影响，所以在工艺加工中，应根据工艺要求而选择适当的 SiO_2 薄膜厚度。

SiO_2 薄膜的生长方法主要有以下几种。

1）热生长方法：这种方法广泛应用于硅外延平面晶体管、双极集成电路和 MOS 集成电路的生产，主要用来作为选择扩散的掩蔽层、钝化膜及集成电路的隔离介质和绝缘介质等。

2）热沉积法：直接通过加热沉积的方式将 SiO_2 沉积在 Si 衬底表面，这种薄膜生长方法简单，但是薄膜质量不好，以前常用来作为微波器件表面的钝化膜。

3）溅射法：优点是工艺温度低，可以在金属层形成后进行 SiO_2 薄膜的加工，主要用来作为某些半导体器件的电绝缘介质。

4）真空蒸发：温度较低，设备复杂，SiO_2 薄膜质量不致密，主要用来作为半导体器件的电介质绝缘层。

5）外延：利用外延技术沉积 Si_3N_4 薄膜，薄膜质量比较致密，生长速度快，主要缺点是生长温度高，设备较复杂。这种薄膜主要用于高频线性集成电路和超高速数字集成电路中制作介质隔离槽。

另外一种常用的硅的薄膜是氮化硅（Si_3N_4），Si_3N_4 在器件制造中可分别作为钝化膜、局部氧化掩蔽膜、扩散掩蔽膜、绝缘介质膜及杂质或缺陷的萃取膜使用。与这些应用相关的是 Si_3N_4 的重要性质，对 H_2O、O_2、Na、Al、Ga、In 等都具有极强的扩散阻挡能力。Si_3N_4 抗腐蚀能力极强，除氢氟酸（HF）外，它不与其他无机酸发生反应。

$$Si_3N_4 + 12HF = 3SiF_4\uparrow + 4NH_3\uparrow \tag{2-4}$$

Si_3N_4 作为扩散掩蔽膜，可以实现 Si_3N_4 薄膜无法掩蔽的 Al、Ga、In 等杂质的扩散。另外，对常用的掺杂剂硼（B）、磷（P）、砷（As）等，Si_3N_4 比 SiO_2 的掩蔽能力强得多，Si_3N_4 掩蔽膜的厚度也比 Si_3N_4 薄差不多一个数量级，更薄的薄膜厚度在工艺加工上就意味着更高的光刻精度。Si_3N_4 的电阻率比 SiO_2 略小，但击穿强度大，另外，Si_3N_4 具有较高的热传导系数，有利于布线的散热，Si_3N_4 热膨胀系数接近硅，使 Si_3N_4 薄膜更适宜作为多层布线的绝缘层，这种布线结构有利于提高布线寿命，同时，这种结构使用的薄膜也进一步加强了对器件的钝化作用。

Si_3N_4 薄膜直接沉积在硅表面上时，界面存在极大的应力与极高的界面态密度。界面的陷阱与复合中心严重影响器件的特性与稳定性，所以在采用 Si_3N_4 薄膜作为钝化结构时，通常采用的是 $Si/SiO_2/Si_3N_4$ 结构。高应力的 $Si-Si_3N_4$ 界面同时也可作为杂质与缺陷的萃取源。利用 $Si-Si_3N_4$ 界面产生的应力，在高温工艺过程中，将位错网络和将杂质与缺陷从器件的有源区萃取出来，采用这种技术也可以大大降低氧化堆垛层错。

$Si-Si_3N_4$ 有晶态和非晶态两种结构，作为器件加工过程中所使用的 $Si-Si_3N_4$ 薄膜应是非晶态的。$Si-Si_3N_4$ 薄膜的制备方法有很多，如热生长法、反应溅射法、蒸发法和 CVD 法等。目前，在器件的加工制造中多采用 CVD 法。

Si_3N_4 与水几乎不发生作用；在浓强酸溶液中缓慢水解生成铵盐和二氧化硅；易溶于氢氟酸，与稀酸不发生作用。浓强碱溶液能缓慢腐蚀 Si_3N_4，熔融的强碱能很快使 Si_3N_4 转变为硅酸盐和氨。Si_3N_4 在 600℃ 以上能使过渡金属氧化物、氧化铅、氧化锌和二氧化锡等还原，并放出氧化氮和二氧化氮。

另外一种常用的硅薄膜就是多晶硅。多晶硅（Polycrystalline Silicon）是单质硅的一种形态。高温熔融状态下，具有较大的化学活泼性，几乎能与任何材料作用。多晶硅薄膜具有半导体性质，是极为重要的优良半导体材料。多晶硅可作为拉制单晶硅的原料。多晶硅与单晶硅的差异主要表现在物理性质方面。例如，在力学性质、光学性质和热学性质的各向异性方面，多晶硅远不如单晶硅明显；在电学性质方面，多晶硅晶体的导电性也远不如单晶硅显著，甚至几乎没有导电性；在化学活性方面，两者的差异极小，多晶硅和单晶硅可从外观上加以区别。多晶硅呈现灰色金属光泽，溶于氢氟酸（HF）和硝酸（HNO_3）的混合酸中，不溶于水、硝酸（HNO_3）和盐酸（HCl）。多晶硅常温下化学性质不活泼，高温下与氧、硫、氮反应。高温熔融状态下，具有较大的化学活泼性，几乎能与任何材料作用。它还具有半导体性质，是极为重要的优良半导体材料。多晶硅是当代人工智能、自动控制、信息处理、光电转换等半导体器件的电子信息基础材料。

多晶硅的生产技术主要是改良了西门子法和硅烷法。西门子法通过气相沉积（CVD）的方法生产柱状多晶硅，而改良西门子法就是在西门子法的基础上，采用闭环式生产工艺，这样既提高了原料的利用率，又极大地降低了对环境的污染。改良西门子法和硅烷法主要生产电子级的晶体硅，也可以生产太阳能级多晶硅。

多晶硅在器件制造中具有广泛的用途。早期，多晶硅被用做介质隔离 IC 的支撑层，但由于这种结构加工工艺复杂、生产效率低下，现在已经基本淘汰了。多晶硅最主要的用途就是作为 MOS 器件的栅极材料，构成硅栅 MOS 器件。由于多晶硅的纯度比铝高，不会污染栅极氧化层，可以改善器件的稳定性与可靠性。另外，采用 CVD 方法制备的多晶硅台阶覆盖性非常好，并且多晶硅表面可以自然氧化而形成自钝氧化层。多晶硅也被用来作为浅结器件的欧姆接触材料，加在铝与硅衬底之间，防止铝对浅结的穿透。充分发挥多晶硅的特点，并采用双层多晶硅结构，可以极大地提高电路的集成密度。

从一定意义上讲，可以认为集成电路的制造过程就是将各种图形（Pattern）转移（Transfer）到各种薄膜上的过程，因此，对薄膜的研究自然就构成了集成电路研究的重要领域，而多晶硅薄膜在集成电路中的应用最为广泛，因此，也是最重要的薄膜之一。随着集成电路向甚大规模集成（ULSI）电路发展，当加工工艺的特征尺寸小于 2μm 时，单纯的多晶硅栅和多晶硅互连已经显示出了某些局限性，过高的电阻率所引起的时间延迟已经成为提高存储器速度的主要限制，因此，需要用难熔金属硅化物来替代它。但是，经过长期发展的多晶硅-硅化物复合栅极技术，使硅栅技术重新焕发了青春。目前不仅在 MOS 器件中，而且在双极集成电路、微波器件和各种特殊功能的半导体器件中都广泛地应用了多晶硅薄膜，应用领域也从单纯的栅极材料和互连引线材料发展到绝缘隔离、掺杂扩散源、多晶硅发射极、掺氧多晶硅-硅异质结、大面积显示驱动集成电路、太阳能电池、各种光电器件和三维立体电路等各个方面。除了用高掺杂多晶硅薄膜作为栅极材料和互连材料以外，多晶硅薄膜的典型应用还有以下几个方面：利用 Si-SiO$_2$ 界面特性(既可被绝缘材料包围而且漏电流又很小的特性)，可以作为电荷存储元件和单层、多层的互连导线；利用高掺杂多晶硅的氧化速率远远大于轻掺杂的单晶硅衬底的氧化速率，因此，可利用不同掺杂浓度的多晶硅与 MOS 工艺中的差值氧化工艺，从而简化工艺流程；由于多晶硅薄膜的电阻率随着掺杂浓度的改变而可以呈数量级地改变，而未掺杂多晶硅或轻掺杂多晶硅又具有极高的电阻率，所以可以把轻掺杂多晶硅用于 MOS 静态存储器的负载电阻，以缩小电路单元的面积；可以利用杂质在多晶硅中的扩散系数远大于在单晶硅中的扩散系数，将多晶硅薄膜用于器件的隔离；可将掺杂多晶硅薄膜用于掺杂扩散源和浅结欧姆接触层；可以利用多晶硅与薄氧化层的界面特性和多晶硅中低少子迁移率等特性，利用多晶硅薄膜做双极晶体管的发射极，以提高晶体管发射极的注入效率；可以利用掺氧多晶硅作为器件的钝化层和隔离层等。多晶硅薄膜的研究将随着微电子技术的不断进步而不断发展。

2.2　硅的晶体结构

在半导体工艺中常用的硅元素是一种化学元素，它的化学符号是 Si，原子序数是 14，相对原子质量是 28。它是非常常见的一种元素，然而在自然界中很少以单质元素的形式存在，一般是以复杂的硅酸盐或二氧化硅的形式存在，广泛存在于岩石、沙砾和尘土之中，硅在地壳中是第二丰富的元素，构成地壳总质量的 25.7%。

与任何元素的原子一样，硅原子由带正电的原子核和带负电的电子构成，电子与原子核之间符合泡利不相容原理。硅原子中的 14 个电子的分布如图 2-6 所示。

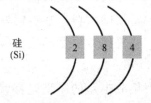

图 2-6　硅原子中的电子的分布

　　由于电子在原子中的分布在不违背泡利原理的条件下，尽可能使能量最低，因此，硅原子中的 14 个电子的分布是从能量最低的 1s 状态开始，逐渐向上填充的。电子只能填充到 3p，且为填满，以上的能级是空着的。其中 2 个 3s 电子和 2 个 3p 电子是价电子，这 4 个价电子决定了硅属于元素周期表中的第Ⅳ族，也决定了硅具有 2 价和 4 价这两个化合价。硅原子依靠原子间的化学键结合成晶体，硅原子间的化学键就是硅原子间的相互作用力，硅原子间的化学键是通常所说的共价键。硅晶体的半导体特性源于共价键，共价键的性质决定了硅晶体的金刚石结构，4 个最近邻原子构成了共价四面体，如图 2-7 所示。

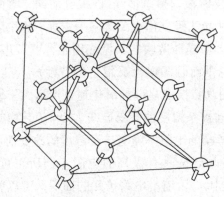

图 2-7　共价四面体

　　按照固体物理学，选取晶体结构中最小的平行六面体重复单元，这样的单元格点仅在顶角上，称为原胞。原胞仅仅反映了晶格的周期性，没有考虑晶格的对称性，对称性对于研究硅材料而言具有很大的重要性，因此，我们按照结晶学选取晶胞，如图 2-8 所示。

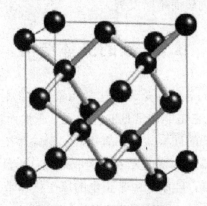

图 2-8　硅的金刚石晶胞

　　整个晶格可以视为由无数个这样的基本单元，无间隙地堆砌而成，它既反映了硅晶格的周期性，又反映了硅晶格的对称性，表征了晶格的类型。金刚石结构是一种复式晶格，由面心立方晶格套构而成，即可以视为两组完全相同的面心立方晶格，一组相对另一组在立方体空间对角线方向位移晶胞空间对角线长度的 1/4，就是错开了 1/4 的位置，如图 2-9 所示。

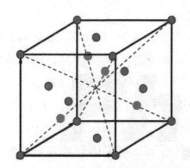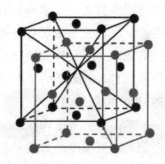

图 2-9　金刚石结构由两组完全相同的面心立方晶格套构而成

　　在晶体点阵中，通过任何两个格点可以连一条直线，这条直线上一定包含无限多个等周期的格点，这样的直线叫做晶列，一系列互相平行的晶列叫做晶列组，晶列组的方向叫做晶向，晶列通过轴矢坐标系原点的直线上任取一格点，把该格点指数化为最小整数，叫做晶向指数。硅晶体中特别重要的晶向是[100]、[110]、[111]和[112]，如图 2-10 所示。

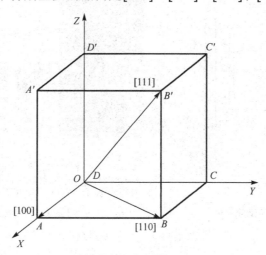

图 2-10　硅晶体中的主要晶向和晶面

　　硅晶体的机械、物理、化学及电学性质都呈现各向异性。所谓各向异性，就是沿着晶体的不同方向，原子排列的周期性和疏密程度都不尽相同，由此导致晶体在不同方向的物理、化学特性也不相同，这就是晶体的各向异性。晶体的各向异性具体表现在晶体不同方向上的弹性模量、硬度、断裂抗力、屈服强度、热膨胀系数、导热性、电阻率、电位移矢量、电极化强度、磁化率和折射率等都是不相同的。各向异性作为晶体的一个重要特性，具有非常重要的研究价值。

2.3　硅的生长加工方法

硅晶体的生长是硅材料性能敏感的关键工艺，其实质是一个相变过程。具体的硅晶体生长方法有直拉法（CZ）和区熔法（FZ）。虽然有很多种方法可以生长硅单晶，但在实际的生产应用中只采用上述两种方法。

直拉法原本是 Czochralski 用于生长金属单晶的，后来 Teal 和 Little 移植到锗单晶生长中，Teal 和 Buechler 又移植到硅单晶的生长。区熔法是提纯方法，由于硅熔体与坩埚材料发生作用，Theuerer 发明了悬浮区熔法，不用坩埚。第一根 FZ 硅单晶是 Keck 与 Golay 于 1953 年生长的。FZ 法主要用于拉制高、中阻单晶，而 CZ 法主要用于拉制中、低阻及重掺杂单晶。晶体生长原理如图 2-11 所示。在 FZ 法中造成一个熔区，并令其通过多晶棒，把多晶变成单晶。在 CZ 法中则是从石英坩埚中的硅熔体中拉制单晶。这两种方法都使用籽晶和缩颈。籽晶控制晶向，缩颈控制位错。世界上有大约 80% 的硅晶体是 CZ 法生长的，其他的 20% 是 FZ 法生长的。为了提高器件的合格率和性能，半导体硅工业需要高纯度和高完整性的硅单晶，除了纯度和完整性之外，硅单晶的直径也不断增大。器件制造业不断采用更大直径的硅片，从而降低生产成本。

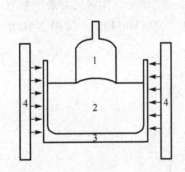

1—单晶硅；2—硅熔体；3—坩埚；4—加热器

(a) 直拉法单晶硅生长原理示意图

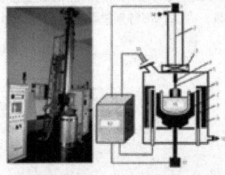

1—晶体上升旋转机构；2—帛线；3—隔离阀；4—籽晶夹头；
5—籽晶；6—石英坩埚；7—石墨坩埚；8—加热器；
9—绝缘材料；10—真空泵；11—坩埚上升旋转机构；
12—控制系统；13—直径控制传感器；14—氢气；15—硅熔体

(b) 直拉法生长单晶硅设备实物图与示意图

图 2-11　晶体生长原理

直拉法（CZ）工艺是硅单晶生长中最常用的生长方法。CZ 法工艺最重要的是三步：①多晶硅熔化；②引晶与缩颈；③放肩与等径生长。其工艺生长装置如图 2-12 所示。

CZ 单晶生长工艺步骤简介如下：

（1）在惰性气体环境下高温熔化多晶硅块料；

（2）高温环境下保持硅熔融状态，排除气泡；

（3）下种：籽晶接触熔融的多晶硅表面，转动数分钟，使籽晶与多晶硅熔融界面沾润良好，并控制好温度，使结晶界面形成单晶棱线；

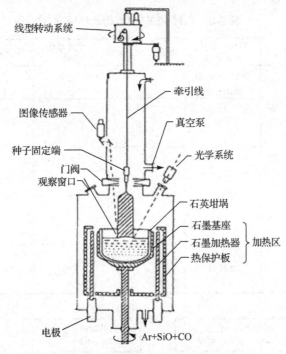

图 2-12　直接法硅单晶生长装置图

（4）缩颈：它是 CZ 法获知 FZ 法拉制单晶无位错的基础，必须严格控制；

（5）放肩：采用减慢拉制速度和降低熔体温度的方法，逐步增大单晶直径，达到预定值；

（6）等径生长：当达到预定的单晶直径时，提高拉制速度，晶体逐渐进入等径生长，通过控制拉制速度和熔体温度，补偿液面下降引起温场的变化，达到晶体直径的恒定；

（7）收尾：为避免位错反延，拉晶快要完成时提高拉制速度，逐步缩小晶体直径，直到晶体脱落熔体。

温场是晶体加热系统中的温度分布，对晶体的生长极为重要。晶体生长过程中的温场一般都是动态温场。结晶过程中有潜热释放，拉制速度越快，释放的潜热越多。晶体直径、长度和坩埚位置的变化及熔体的流动对温场的均匀分布产生较大的影响。由晶体直径和投料量决定石英坩埚的直径和高度，从而决定加热器的直径和高度。加热器具有足够的电阻值，从而吸收足够的功率，保证多晶硅块料全部熔化，满足拉晶要求的径向温度梯度和纵向温度梯度。在 CZ 法晶体生长过程中，熔体流动非常复杂，因此，晶体生长参数应当对晶体的生长和熔体液面的不断下降做相应的调整。控制晶体中氧的含量和分布，对 VLSI 和其他一些器件有着极其重要的意义。器件厂和材料厂几乎都有自己的硅单晶中氧含量的分类标准。表 2-3 所示为几种 VLSI 对氧含量的一些要求。

区熔工艺（FZ）从生长原理而言，与 CZ 法类似。但在工艺上，它具有一系列的特点，工艺流程如图 2-13 所示。

表 2-3　几种 VLSI 对氧含量的要求

器　件	热工艺温度/℃	对单个缺陷的敏感度	线条尺寸/μm	片子变形敏感度	片子直径/mm	氧含量/ppma
双极	某些工艺在 1200	基区短路，亚微米缺陷	5	高	75～100	高 33～37
CMOS	一步工艺在 1200～1250,其他工艺温度较低	低	2～3	中	100～125	中 23～26
动态 CMOS		高	1.5～2.5	低	100～125	很高＞37 高 33～37 中 26～33 低 5～26 很低＜1（FZSi）
CCD	1000	临界高	3	很低	75～100	低 5～25 很低＜1（FZSi）

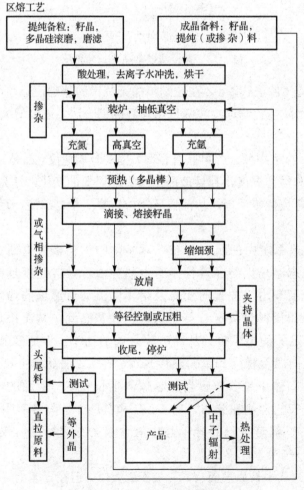

图 2-13　区熔工艺流程图

与 CZ 法不同，FZ 法对多晶硅形状要求比较严格，相对来说成本就会高，而且增加了工艺难度，大直径的 FZ 硅单晶就要求大直径的多晶硅棒，要求表面光滑而且外形比较均匀，为了便于与籽晶熔接，有利于放肩，多晶硅棒还要求下端磨成锥形，上端磨出槽以利于牢固地夹住多晶硅棒。区熔大直径多晶硅棒时，容易出现硅刺，因此，需要采用直径较细的多晶硅棒，并要求提高高频输出功率，在区熔成晶过程中，不断压粗熔区，可以生长出比多晶硅棒直径大的晶体。

与 CZ 法相反，FZ 法是籽晶从底部支撑住晶体，所以当晶体晃动时会造成熔区不稳定，因此在生长大直径晶体时，需要设置夹持机构夹住晶体，与晶体一起转动。FZ 法对于大直径晶体的生长比 CZ 法困难得多，因此，大直径晶体的生长是 FZ 法的主要成就。

2.4　硅材料与器件的关系

通常来说，硅器件可根据有源区的深度分为两种基本类型。第一种为探测器和大功率器件，在硅的体内工作；第二种为小功率器件和集成电路，在硅片近表面工作。探测器对硅材料的纯度要求极高。半导体探测器的灵敏区应是接近理想的半导体材料。探测器材料常常采用 N 型半导体材料。对纯度及电阻率均匀性要求极为严格的整流器和晶闸管，通常也采用 N 型半导体材料。分立功率器件的击穿电压取决于高阻区的深度，在这体区域内应没有缺陷和杂质陷阱，以保证高的少子寿命，这决定了只有采用 FZ 法生长的硅单晶才能满足这样的要求。大直径 FZ 硅单晶的发展，使可控硅的额定电压提高到约 8kV，然而，这种改善要求 FZ 硅单晶的掺杂均匀性必须得到显著的改善。

小功率器件和集成电路要求低电阻，工作区域接近硅片表面，耗尽层深度小，电阻率通常低于 50Ω·cm。集成电路常用（100）硅片。这个晶向表面态低，与功率器件相比，对电阻率的均匀性要求比较低，因为近表面通常用离子注入等方法进行高掺杂。所以，小功率器件仍然采用熔体掺杂的硅单晶，控制 CZ 单晶硅的工艺诱生缺陷是工艺加工中必须高度关注的问题。

为了尽可能提高性价比，半导体集成电路技术一直向增大圆片直径和缩小图形特征尺寸的方向发展。集成电路不仅对硅圆片的几何尺寸和表面加工质量提出了要求，而且也对硅单晶的内在质量提出了要求。高密度集成电路要求严格控制单晶硅中杂质和缺陷的浓度与分布，及杂质缺陷在随后工艺加工中热过程的动力学行为。表 2-4 列出了 1983年美国工业化生产的直拉法和区熔法单晶的典型质量指标和 VLSI 工艺的要求。

从表中可以看出，为了追求芯片的高集成度、高性能和低成本，对集成电路制造基础的硅单晶材料的要求也越来越高。

（1）硅单晶材料中的微缺陷对芯片的影响越来越大。所谓微缺陷，是泛指硅单晶中线度为微米级的各种结构缺陷，如在硅单晶生长中产生的漩涡缺陷、氧化层错、外延层错、杂质沉积团、失配位错等。当芯片面积增大时，器件的图形和微缺陷相遇的机会将增大，这将会导致芯片的合格率急剧下降，因此，超大规模集成电路对控制衬底材料中微缺陷的要求是非常严格的。

表 2-4 单晶硅质量指标与 VLSI 工艺要求

质 量 参 数	1933 年水平		VLSI 工艺要求
	CZ 单晶	FZ 单晶	
电阻率（掺磷 n 型）（Ω·cm）	1～50	1～300	50～500
电阻率（掺锑 n 型）（Ω·cm）	0.005～10	—	0.001～0.02
电阻率（掺硼 p 型）（Ω·cm）	0.005～100	1～1000	50～5000
电阻率变化率（4 探针测量）	5%～10%	20%（一般），<10%（中子结变掺杂）	<1%
微分凝引起的电阻率变化	10%～15%	20%～50%	<1%
少数载流子寿命/μs	30～300	50～500	300～1000
氧含量/ppma	5～25	检查不出	均匀可控
碳含量/ppma	0.1～5	0.1～1	<0.1
位错（热处理前）	<500cm^{-2}	<500cm^{-2}	<1cm^{-2}
旋涡缺陷（热处理前）	无	有	无
位错（1100℃处理后）*	有	层错	无
旋涡缺陷（1100℃处理后）*	多	有	无
直径（mm）	>125	125	150
硅片弯曲（μm）	≤25	≤25	<5
硅片两面平行度（μm）	≤15	≤15	<5
硅片表面平整度（μm）	≤5	≤5	≤1
硅片背面	未控制	未控制	受控制
重金属杂质（ppbs）	≤1	<0.01	<0.001

*指硅片表面 1～20μm 范围内的器件制作区。

（2）器件参数对单晶硅中杂质和缺陷的密度、分布特点、电活性等更加敏感。一方面是因为器件的特征尺寸缩小了，而衬底材料中的缺陷密度和电活性并不能按比例缩小；另一方面，为了减小 PN 结寄生电容和 MOS 器件阈值电压的衬底偏置效应，今后的集成电路大都将倾向使用较高电阻率的衬底材料。由此将更加重视单晶硅电阻率和杂质分布的均匀性，对于各种可能引起电阻率微小变化的因素，如由于杂质微分凝而引起的杂质条纹、氧的热施主等应当受到严格的控制。

目前，国内外集成电路工业为了降低生产成本，提高生产效率，普遍使用越来越大直径的硅圆片。但是大直径的单晶硅生长及其加工也存在一些问题。

（1）硅片电参数的径向均匀性问题：在大直径硅单晶生长过程中，结晶前受熔硅波动的影响，较难保持稳定。局部生长速度的瞬态起伏所引起的杂质微分凝效应将使杂质浓度呈现条纹状分布，从而使硅片电阻率的微区分布出现相应的变化。

（2）硅片的平整度问题：大直径的硅片在应力的作用下容易发生翘曲，这个翘曲在硅片参数中用硅片挠度的大小来表示。硅片的挠度定义为硅片上偏离平衡位置与原平衡位置的距离。根据材料力学的分析，对于均匀对称的硅原片，圆片的最大挠度与圆片半径的 4 次方成正比，增加圆片的厚度可以提高抗挠刚度。因此在集成电路的发展过程中，硅原片厚度是随着直径的增大而增大的，但是如何在开发大圆片的工艺技术的同时确定合适的直径厚度比，是一个非常复杂的问题。尤其近年来 MEMS 工艺的出现，在需要进行体硅加工的 MEMS 结构中，圆片的厚度确定不可避免地成为了一个日益重要的课题。硅圆片直径的增大趋势和 IC 尺寸不断缩小的趋势是平行的，在这种形势下，材料加工技术面临的任务是在增大硅圆片直径的同时，保证更好的参数均匀性和更好的表面平整性。离子注入技术的采用使硅片掺杂浓度的控制更加精确，在这种情况下，就必须对原始硅片中杂质浓度的分布均匀性提出相应的要求，才能保证期间参数的可控性和重复性。同时，为了保证光刻图形的质量，在整个硅圆片的光刻过程中，曝光表面都应当在光学系统的焦平面上，因此，硅圆片的表面平整度与电路设计规则的匹配问题也越发重要。

（3）硅圆片的表面质量问题：由于器件结构趋向硅圆片的浅表层，因此，硅片表面的加工质量及界面性质对器件性能的影响也更加敏感，对硅圆片表面的加工质量要求也会更加严格。表面加工过程中引入的损伤和沾污，在以后的热加工过程中常常转化为氧化层错或其他诱生缺陷。这些缺陷主要存在于器件的表层，因此，对器件的性能和可靠性影响较大。随着 MEMS 技术的不断成熟和发展，原本作为结构支撑层和硅片背面受到控制的缺陷也变成不允许的了，因此，对硅圆片表面的质量要求也越来越高。

（4）工艺温度的问题：随着集成电路芯片纵向结构尺寸的逐渐减小，杂质的纵向浓度梯度变得更陡。为了防止因杂质原子的扩散引起结构的退化，在集成电路制造过程中应尽量降低加工温度。另一方面，由于高温会加速缺陷的产生和重构，因此，为了抑制硅片中工艺诱生缺陷的产生，也应当尽可能利用低温工艺。低温工艺还有助于减小硅圆片中内部的热应力，一切为了控制和改善材料性质而采取的预处理和后处理工艺都必须与器件的低温工艺兼容。

（5）工艺的复杂性问题：为了追求集成电路的高性能和高集成度，提高内部元器件互连的灵活性，在集成电路制造过程中，金属和介质薄膜沉积的层次越来越多。处理这种多层异质结构时，必须仔细考虑不同材料之间的热膨胀系数的匹配问题，必须考虑不同材料之间的相平衡点问题和薄膜材料的原子扩散问题。

（6）分析仪器的问题：集成电路的特点和发展趋势不仅对硅单晶材料的制备和加工提出了具体要求，而且对单晶材料的检测分析方法和设备仪器也提出了相关的要求，为了满足微区定量分析的要求，必须具有高灵敏度和高分辨率且与集成电路设计规则相匹配的测试分析仪器。

本 章 小 结

本章主要介绍了半导体常用衬底材料单晶硅的相关知识，包括单晶硅材料的生长、硅材料对半导体器件的影响、单晶硅的生长方式、单晶硅的结构及硅的常用化合物等。

通过对本章的学习，可以对半导体薄膜技术的进一步学习打下良好的理论知识基础。

习　题

1. 硅在自然界中通常是以何种形式存在的？请举例说明。
2. 半导体薄膜技术中常用的硅化合物有哪几种？
3. 单晶硅的生长方法是什么？
4. 在大直径硅片的使用中，存在哪些影响工艺成品率的因素？
5. 常见的 SiO_2 薄膜生长方法有哪几种？
6. Si_3N_4 薄膜的主要作用有哪些？

第3章 薄膜基础知识

学习目标

通过本章的学习，需要了解和掌握：

（1）薄膜的基本应用及常规定义；

（2）常见的几种薄膜；

（3）薄膜科学研究的几个主要领域；

（4）薄膜内部常见的缺陷；

（5）薄膜的两种内应力；

（6）薄膜的基本性质；

（7）常用薄膜衬底的基本知识；

（8）常用的清洗工艺；

（9）薄膜性能检测的基本方法和原理。

在现代集成电路工艺技术中，薄膜起着主导作用，它在集成电路的所有通用工艺中都得到了最有成效和最重要的应用。在这些应用中，薄膜结构的一个必不可少的标准是能否保持结构的完整性。20 世纪以来，薄膜技术无论是在学术上还是在商业应用中，都取得了丰硕的成果。在现今的集成电路中，薄膜的应用也变得越来越重要。

3.1 薄膜的定义及应用

薄膜技术的发展历史距今已有一千多年了。古时候已经发展并形成了装饰品的贵金属电镀技术。人类在进入 18 世纪时才从科学的角度研究薄膜，对薄膜的形成机理、薄膜生长机制和结构等正式研究是从 19 世纪开始的，直到 19 世纪中叶，电解法、化学反应法和真空镀膜法的出现，才标志着固体薄膜技术的制造技术逐步形成。

薄膜（Thin Film）是非常复杂并难以明确定义的概念。百度百科对薄膜的定义是"薄膜是一种薄而软的透明薄片，是用塑料、胶粘剂、橡胶或其他材料制成的"，"薄膜材料是指厚度介于单原子到几毫米间的薄金属或有机物层"。这种关于薄膜的定义基本上是源于人们对薄膜这种物质的传统认识，并不能包含所有的薄膜物质。从物质形态上来讲，薄膜是一种特殊的物质形态，由于其在厚度这一特定方向上尺寸很小，是指微观可测量的量，而且在厚度上由于表面、界面的存在，使物质的连续性发生中断，从而使薄膜材料产生了与块状材料不同的独特性能。

构成薄膜的物质应当是没有任何限制的，从广义上来讲，薄膜就是两个几何学平行平面间所夹着的物质。但是就实际应用来看，气体和液体薄膜的实际应用目前并不广泛，因此，本书中所讨论的薄膜都指的是固体薄膜。薄膜的特性是以其"薄"而存在的，具体的厚度范围是多少才能称为薄膜，目前也没有准确的定义。随着大规模、大容量的薄膜制作装置逐步采用和推广，薄膜的厚度也在逐步增大，现在，厚度在几十微米的膜层也称之为薄膜，但是随着科学技术的发展，更厚的膜层是否还会称为薄膜或者其他的专有名称，还有待于科学技术的发展而进一步讨论和论证。不管今后的技术进步和对更厚薄膜的定义和命名如何，在本书中关于薄膜的讨论都定义为厚度在几十微米的固体薄膜，进一步来讲，本书讨论的薄膜技术基本上都是集成电路工艺中所涉及的半导体薄膜。

在科学技术发展日新月异的时代，大量具有不同功能的薄膜材料得到了广泛的应用，薄膜作为一种重要的材料在材料科学领域占据着越来越重要的地位。近年来，随着薄膜制造技术的飞速发展，各种材料的薄膜化已经成为一种材料应用的发展趋势。薄膜材料种类繁多，应用广泛，目前常见并得到应用的薄膜主要有：超导薄膜、导电薄膜、铁电薄膜、电阻薄膜、半导体薄膜、介质薄膜、绝缘薄膜、钝化膜、光电薄膜等。下面介绍几种薄膜的主要应用。

（1）超导薄膜：超导薄膜（Superconducting Thin Film）是利用蒸发、喷涂等工艺方法沉积的厚度小于 $1\mu m$ 的超导材料。以超导薄膜为基础制作数字电路，比半导体材料制作的数字电路具有速度更快、损耗更小、容量更大的特点。由于超导薄膜没有电阻，用它制成的天线、谐振器、滤波器、延迟线等微波通信器件具有常规材料（金、银）等不可比拟的高灵敏度，从而成为未来电子对抗中各国军方高度重视的一种材料。在制造超导体器件中，一个重要的目标就是找到纳米尺度的超导材料，这样的超薄超导材料在超导体晶体管及需要更高速度的电子学中，因为节能和超快的响应速度而发挥重要作用。超导技术具有广阔的发展前景，同时，发展高温超导技术是 21 世纪国际高技术竞争中，保持尖端优势的关键所在。在电力、通信、国防和医疗方面的发展急需利用超导技术解决现有的关键问题。应用超导技术将带来电力方面的重大变革。在国防工艺技术方面，由于超导技术不可替代的特殊性和优越性，将在超导电机、电磁武器、传感器、导航用高精度超导陀螺仪等领域中广泛应用，所以提高临界转变温度、临界电流密度和改良其加工性能和工艺技术，制造出理想的、更低价格的新一代超导材料，成为了超导薄膜发展的新趋势。

（2）导电薄膜：导电薄膜是一种能实现特定电子功能的材料。这类薄膜分为半导电薄膜和导电薄膜。半导电薄膜只有半绝缘多晶硅薄膜。半导电薄膜主要有外延生长的硅单晶薄膜和 CVD 生长的掺杂多晶硅薄膜、半绝缘多晶硅薄膜。绝缘体薄膜主要有氧化硅薄膜、氮化硅薄膜等。金属薄膜主要有 Al、Au、NiCr 等薄膜。另外，还有在半导体工艺中应用的光刻胶薄膜。透明的导电薄膜是一种既能导电又能在可见光范围内具有高透明度的薄膜，主要有金属膜系、氧化物膜系、其他化合物膜系、高分子膜系、复合膜系等。金属膜系导电性能好，但是透明度差。半导体薄膜系列正好相反，导电性差，透明度高。当前应用和研究最为广泛的是金属膜系和氧化物膜系。透明导电薄膜主要用于光电器件的窗口材料，比较常见的透明导电薄膜为 ITO（锡掺杂三氧化铟）、AZO（铝掺杂氧化锌）等，它们的禁带宽度大，只吸收紫外光，不吸收可见光而"透明"。最近几年来，国内外的研究者分别在低温制备的设备、工艺、薄膜的表面改性、多层膜系的设计和制备工艺方面进行了广泛而深入的研究。我国在低温，尤其在常温下制备 ITO 薄膜方面的研究还落后于国际上其他国家，与国外相比，制备方法比较单一，这一方面是由于我国在 ITO 薄膜的研究起步较晚，另一方面是受限于先进工艺设备的影响。ITO 导电薄膜可以广泛地应用于液晶显示器、太阳能电池及各种光学领域中。

（3）铁电薄膜：铁电薄膜是一种重要的功能性薄膜材料。具有铁电性且厚度为几十纳米到几微米的膜材料称为铁电薄膜。铁电薄膜具有良好的铁电性、压电性、热释电性、电学及非线性光学等特性，铁电薄膜可以广泛应用于微电子学、光电子学、集成光学和微机电系统（MEMS）等领域，目前铁电材料的研究也是国际上新型功能材料的研究热点之一。铁电薄膜的制备方法目前主要有 SOL-GEL 凝胶法、MOCVD 法、PLD 法和溅射法。铁电薄膜主要应用于制造各种存储器材、传感器和换能器及光电器件。铁电薄膜的应用前景广阔。近年来，人们对铁电薄膜的研究取得了可喜的进展，但铁电薄膜要在实际应用中取得重大突破，还有非常多的研究工作需要去做。这些工作既包括铁电薄膜的基础性研究工作，也包括铁电薄膜的应用基础研究工作。铁电性已经被发现了将近一个世纪，关于铁电性的研究也取得了很大的进展，但是与铁电性及器件相关的新原理、新方法、新效应和新应用还有待进一步深入研究和开发。

（4）电阻薄膜：电阻薄膜也称为薄膜电阻，是一种具有很高阻值精度和极低温度系数的片式电阻器。一般这类薄膜电阻常用的材料是陶瓷基板。薄膜电阻一般是采用真空蒸镀、直流或交流溅射、化学沉积等工艺方法，将一定电阻率材料蒸镀于绝缘材料表面制成的膜式电阻材料。薄膜电阻的阻值精度可达±0.05%，温度系数可达±5ppm/℃，稳定度达到±0.02%，是替代低精度的厚膜式片式电阻的理想材料。薄膜电阻可以广泛应用于汽车电子、工业电子和消费电子等领域。

（5）半导体薄膜：半导体薄膜主要有两种形式，非晶态半导体薄膜和多晶半导体薄膜。非晶态半导体是具有半导体性质的非晶态材料。非晶态半导体是半导体的一个重要部分。通常以"非晶"或"无定形"来称呼这种形态的晶体，这种晶体是一种不具有晶体结构的固体。非晶态材料的原子排列不像晶体那样规则，短程有序，长程无序。非晶态半导体与晶态半导体具有类似的能带结构，也有导带、价带和禁带。非晶态半导体与晶态半导体相比，其中存在着大量的缺陷，这些缺陷在禁带中引入一系列局域能级，它们对非晶态半导体的电学和光学性质有着重要的影响。目前主要的非晶态半导体有两大类：硫系玻璃和四面体键非晶态半导体。硫系玻璃的制备方法通常是利用熔体冷却或气相沉积，而四面体键非晶态半导体的制备方法不能用熔体冷却的方法，只能采用薄膜沉积的方法，如蒸发、溅射或化学气相沉积等。非晶态半导体薄膜在技术领域的应用具有很大的潜力。目前非晶硅的应用主要是太阳能电池,最近也有人员在试验把非晶硅场效应晶体管应用于液晶显示和集成电路中。多晶半导体薄膜不像单晶半导体薄膜那样引人关注,但是目前在工业上也有着许多重要的应用。半导体集成电路行业常用的是多晶硅薄膜,它多被用来制作集成电路中的栅极、电阻、布线等一些无源元器件。多晶薄膜的制备一般采用 LPCVD、固相晶化法(SPC)、准分子激光晶化法(ELA)、金属横向诱导法(MILC)和 PECVD 等方法。

(6)钝化膜:一般来讲,钝化膜主要是指在金属表面上形成金属氧化物或盐类,这些物质紧密地覆盖在金属表面上形成钝化膜,一般可以采用电化学钝化和化学钝化,化学钝化是利用强氧化剂对金属直接作用而在金属表面形成氧化膜。不论何种形式所形成的钝化膜,其根本目的都是防腐。

(7)光电薄膜:光电薄膜的应用广泛,主要包括光学膜片、光电显示用胶带等,光学膜片主要包括反射片、扩散片、棱镜片等。光电薄膜器件是 LCD 面板不可或缺的重要组成部分。

3.2　薄膜结构、缺陷及基本性质

3.2.1　薄膜的基本结构及缺陷

在介绍薄膜的基本性质之前,首先应了解薄膜的基本结构及缺陷。针对薄膜结构的研究,是随着薄膜的制造方法和应用而发生变化的。目前对薄膜结构的研究大致可以分为以下几种类型:

(1)单晶的生长(主要是指外延薄膜);

(2)结构缺陷;

(3)异常结构和非化学配比性;

(4)表面扩散现象;

(5)表面形貌。

研究薄膜要根据集成电路行业对薄膜相关特性的要求而进行。例如,外延层薄膜、各种薄膜的保形性、腐蚀选择比等,是集成电路行业相对关注的一些薄膜特性。而在电镀行业中,各种薄膜的扩散和粘附性等也是这个行业的关注重点。

在薄膜的内部存在的缺陷不论是哪一种,一般来说其密度与体密度是一致的。一般薄膜内存在的缺陷主要是点缺陷(空位、空洞、杂质和位错)。近年来,由于 PVD 方法被广泛应用于薄膜的制作和加工,在这种工艺方法下,多数情况是衬底的温度较低而工作气压较高。衬底温度低意味着构成薄膜的原子的迁移率低,工作气压高意味着薄膜原子更容易被散射,因此,薄膜表面形貌的研究也就变得越来越重要了。在这里只需要简单了解薄膜容易存在的缺陷和在半导体行业中比较关注的表面形貌,其他具体的薄膜参数将在以后的各章节中逐步进行详细介绍,由于本书主要关注的是半导

体薄膜技术基础，所以将在介绍薄膜的一些基本性质的同时，更加关注半导体薄膜的
性质和特点。

同体材料相比，由于薄膜材料的厚度很薄，很容易产生尺寸效应，也就是说薄膜
材料的物理特性会受到薄膜厚度的影响。另外，由于薄膜材料的表面积与体积之比很
大，所以薄膜的表面效应非常显著，表面能、表面态、表面散射和表面干涉对它的物
理性能影响也较大，在薄膜材料中存在的大量的表面晶粒间界和缺陷，对薄膜的电子
输运性能的影响也较大。另外，薄膜一般都是生长在衬底表面上的，在衬底和薄膜之
间还存在着一定的相互作用，因此，就会出现薄膜与衬底之间的粘附性、附着力和内
应力等相关问题。

对于薄膜这种表面积很大的固体，表面能级将会对薄膜内电子的输运状况有很大的
影响。表面能级是指在固体表面原子周期排列的连续性发生了中断，导致电子波函数的
周期性也受到了影响。表面能级的出现，将对薄膜半导体表面电导和场效应产生很大的
影响，从而影响半导体器件的性能。

如图 3-1 所示，薄膜是在衬底表面形成的，这样在衬底和薄膜之间就会存在一定的
相互作用，这种相互作用就是经常提到的粘附性（Adhesion）。

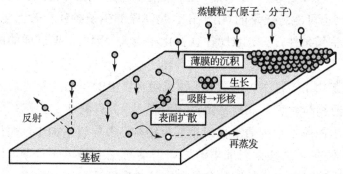

图 3-1　薄膜的形成过程

当薄膜只在衬底的一个表面上附着时，衬底与薄膜之间互相受到约束作用，从
而导致薄膜内容易产生应变。若考虑与薄膜膜面垂直的任一断面，断面两侧就会产
生相互作用力，这种相互作用力称为内应力。薄膜极为重要的固有特征就是粘附性
和内应力。

薄膜中的内应力就其形成原因来说可以分为两大类，即固有应力（本征应力）和非
固有应力。固有应力来源于薄膜中的缺陷，如由于位错导致的内应力。薄膜的非固有应
力主要来源于薄膜和衬底之间的相互作用力，即粘附力所导致的界面之间的相互作用
力。应力的来源还可能是由于薄膜和衬底之间不同的热膨胀系数和晶格失配等原因所引
入的应力，或者是由于金属薄膜与衬底之间发生化学反应时，在衬底和薄膜之间形成的
金属化合物同薄膜能紧密结合，但由于晶格失配也能引入应力。应力分为压应力和拉应
力两种，如图 3-2 所示。一般来讲，薄膜往往是在很薄的衬底表面上沉积生成的，在这
种情况下，几乎对所有物质形成的薄膜，衬底都会发生弯曲。弯曲有两种类型：一种是

弯曲的结果使薄膜成为弯曲面的内侧，使薄膜的某些部分与其他部分之间处于拉伸状态，这种内应力通常称为拉应力；另外一种是弯曲的结果使薄膜成为弯曲的外侧，它使薄膜的某些部分与其他部分之间处于压缩状态，这种内应力就称为压应力。无论压应力还是拉应力，都是在应用薄膜技术时需要充分考虑和计算的，并经过多次试验验证后，确定薄膜的厚度和各种不同物质薄膜的匹配。

(a) 压应力　　　　　　　　　　　　　　　　　　(b) 拉应力

图 3-2　薄膜中压应力与张应力示意图

因为在薄膜加工过程中，多数属于非平衡状态下的工艺过程，所以获得的薄膜结构不一定与体材料的相图符合，把与相图不吻合的结构称为异常结构。异常结构是一种亚稳态结构，一般通过加热退火等工艺可以将薄膜恢复成稳定状态。

一般来说，化合物的计量比是完全确定的，但是多组元薄膜成分的计量比就未必如此。例如，若硅在氧化硅或氧气环境下进行真空放电蒸镀或溅射成膜时，得到的 SiO_x（$0<x<2$）的计量比也可能是任意的。由于化合物薄膜的生长条件一般都包括化合和分解，所以按照薄膜的生长条件，其计量比往往变化相当大。因此，把这样的成分偏离称为非理想化学计量比。

在半导体工艺加工过程中，往往将两种或两种以上的不同材料先后沉积在同一个衬底之上，以改善薄膜与衬底之间的粘附性和内应力，如硅衬底之上沉积的二氧化硅薄膜和氮化硅薄膜，这种薄膜结构通常称为多层膜结构。多层膜结构中，往往各层薄膜均具有一定的功能，如在非晶硅太阳能电池中、玻璃衬底/ITO（透明导电膜）/p-SiC/i-μc-Si/n-μc-Si/Al 多层膜结构中，每一层膜都有自己的独特功能，并且每一层膜的厚度都很薄，整个多层膜结构的厚度在 0.5μm 左右。

可以形成薄膜的材料多种多样，所以薄膜材料的分类也各具特色。通常薄膜的材料分类按照化学组成成分，分为无机膜、有机膜和复合膜。按照相组成分，可以将薄膜分为固体薄膜、液体薄膜、气体薄膜和胶体薄膜。在半导体行业中，经常采用的是按照晶体形态分类，按照这种要求可以将薄膜分为单晶膜、多晶膜、微晶膜、纳米晶膜和超晶格膜等。按照薄膜的不同应用领域对薄膜进行分类也是经常采用的方法，根据薄膜的不同用途，可将薄膜分为电学薄膜、光学薄膜、硬质膜、耐腐蚀膜、润滑膜、有机分子薄膜、装饰膜和包装膜等。

电学薄膜主要包括在半导体器件与集成电路中使用的导电材料与介质薄膜材料，如Al、Au、多晶硅和各种导电硅化物等。超导薄膜是近年来国外非常重视的一种功能薄膜，特别是高温超导薄膜，如稀土元素氧化物超导薄膜等。另外非晶硅等材料加工的薄膜太阳能电池所使用的薄膜，也属于电学薄膜。光学薄膜的应用已经非常广泛，应用的领域也非常广阔，如照相机中常用的减反射膜，各种光学仪器所使用的增透膜、反射膜等都是常见的光学薄膜。有机分子薄膜是有机物和染料、蛋白质等构成的分子薄膜，其厚度可以是一个分子层的单分子膜，也可以是多分子叠加形成的多层分子膜。多层分子膜可以是同一材料组成的，也可以是多种材料的调制分子膜，这种薄膜结构也可以称为超分子结构薄膜。其他一些薄膜结构，如装饰膜、包装膜和耐腐蚀膜等属于日常应用的一些薄膜，此处不再赘述。

3.2.2 薄膜的基本性质

薄膜的基本性质，包括薄膜的力学性质、电学性质、介电性质、半导体薄膜特有的一些性质和薄膜的其他性质。下面分别简要介绍薄膜的各种基本性质。

薄膜的力学性质，主要是指薄膜的附着性质、内应力和机械性能。薄膜的力学性质与薄膜的结构密切相关。例如，薄膜的附着性质主要取决于薄膜初始生长阶段，理论上，薄膜的附着性质主要取决于薄膜与衬底界面的附着力。在实际应用中，薄膜的附着性质决定了薄膜的稳定性和可靠性。从宏观角度看，附着现象是薄膜和衬底表面相互作用将薄膜粘附在衬底表面上的一种现象，薄膜的附着性质与薄膜在衬底上存在的耐久性及耐磨性直接相关。薄膜的附着性能直接与薄膜和衬底的材料、薄膜与衬底附着的类型、薄膜与衬底的附着力性质、薄膜生成工艺及测量薄膜与衬底附着力的测量方法相关。

如图 3-3 所示，薄膜附着的类型基本包括 4 种：简单附着、扩散附着、通过中间层附着和通过宏观效应附着。其中，简单附着是薄膜和衬底间通过两个接触面相互吸引而形成的，在薄膜和衬底之间通过范德华力进行结合，而衬底表面质量直接影响薄膜和衬底附着的质量，如果表面有污染或者衬底表面粗糙不平，都会对薄膜与衬底的附着质量产生非常大的影响，简单附着会在薄膜和衬底之间形成一个非常清楚的分界面。扩散附着是指由于两种固体之间的相互扩散或溶解，而在薄膜和衬底之间形成了一个渐变界面，这个渐变界面在薄膜和衬底之间并不明显。实现中，薄膜与衬底扩散附着的工艺方法主要有衬底加温法、离子轰击法和电场吸引法等。一般来讲，由于溅射离子的动能比较大，所以溅射镀膜的附着力普遍强于蒸发镀膜法。还可以通过反应蒸发、反应溅射、蒸发或溅射过渡层、衬底表面掺杂等工艺方法，在薄膜与衬底之间形成一个化合物中间层，从而形成薄膜与衬底之间的中间层附着，中间层附着随着工艺方法的不同，其化合物组成也不同。宏观效应附着包括机械锁合与双电层吸引两种方式。当衬底上有微孔或微裂隙时，在薄膜沉积过程中，就会有入射原子进入其中，形成薄膜与衬底间的机械锁合，如果衬底表面的微孔或微裂隙分布适当，依靠机械锁合作用，能够显著改善薄膜的附着性能。但是对薄膜电路、固体电路及其他更高性能的电子元器件，不能依靠机械锁合作用提高附着性能。而双电层吸引效应，主要是利用薄膜和衬底之间的界面产生双电层，通过异性电荷间的相互吸引而提高薄膜与衬底之间的附着力。与其他的附着力相比，双电层附着力的数值接近于范德华附着力，而且双电层吸引受衬底-薄膜间距变化的影响非常小。

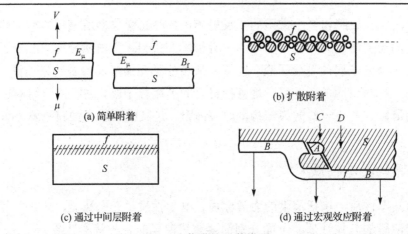

(a) 简单附着

(b) 扩散附着

(c) 通过中间层附着

(d) 通过宏观效应附着

图 3-3   薄膜的附着类型

  薄膜与衬底之间形成附着的主要机理是吸附作用。根据附着力的性质不同，薄膜与衬底之间的吸附主要分为物理吸附和化学吸附。物理吸附主要是利用范德华力或静电力，即双电层力的作用实现薄膜与衬底表面的吸附。而化学吸附主要是通过薄膜与衬底之间形成的化学键，如离子键、共价键或金属键产生的化学键力而形成的吸附。在薄膜与衬底之间，化学键力不是普遍存在的，只有在它们的界面产生化学键，形成化合物，才具有这种化合键力，如果要使薄膜在衬底表面上具有很好的附着性，通过形成化合物而产生化合键力是一种非常可靠和可行的工艺方法。一般来讲，薄膜和衬底之间的附着不是单一一种吸附，通常都是物理吸附和化学吸附相互交织而形成的一种复合吸附力。附着力是薄膜与衬底之间附着强度的一种具体体现，也是薄膜力学性能的具体体现，附着力的测试主要有划痕法、拉张法和剥离法，具体采用哪种测试方法，要根据具体情况具体分析。

  影响薄膜与衬底附着力的因素有很多，通常来讲，凡是影响薄膜原子、衬底原子相互扩散和形成结合键的因素都会影响附着力。一般会从衬底和薄膜的材料、衬底表面状态、衬底温度、薄膜工艺方法、薄膜沉积速率和薄膜沉积气氛等主要方面考虑对附着力的影响。对简单附着来说，用表面能量小的薄膜材料覆盖在表面能量大的衬底表面上，会产生很好的浸润性，选用合适的衬底材料，可以使衬底表面能与薄膜材料或其化合物形成合适的化学键，从而增强附着力。衬底表面状态是对附着力影响最大的一个因素，因此在加工薄膜时，为了提高薄膜的附着性能，必须要对衬底表面进行清洁和活化处理。衬底温度高，有利于薄膜和衬底之间的原子扩散，并且还会加速其化学反应，从而有利于形成扩散附着和通过中间层附着，但是衬底温度的升高会使薄膜成膜过程中的晶粒增大，薄膜质量不致密，增加薄膜的内应力，因此在制造薄膜工艺中，应采用适当的温度对衬底进行加热。薄膜的沉积工艺对薄膜的附着力的影响非常明显。对于同样的薄膜衬底组合，用溅射工艺沉积的薄膜附着力优于采用蒸发工艺沉积的薄膜。另外，工艺加工中，薄膜沉积速率对薄膜附着力的影响也是非常大的，一般来说，高速沉积的薄膜结构疏松，内应力大，附着能力也变差。在工艺加工中的沉积气氛对薄膜的影响主要发生在薄膜的成长初期，也就是晶核生成期，需要详细制定工艺方案，在不影响薄膜的其他质量的同时增加薄膜的附着能力。

薄膜的内应力按照性质，可分为张应力和压应力；按照应力产生的来源，可分为热应力和本征应力。内应力是薄膜内部单位截面上所承受的力，是在薄膜内部自己产生的应力。在实际应用测试中，一般仅考虑垂直于衬底表面的断面上的内应力，而且忽略薄膜厚度的不均匀性。很多薄膜内部都存在着较大的内应力。由于薄膜和衬底材料的热膨胀系数不同而引起的热应力，是一种可逆的应力。要消除薄膜中的热应力，最根本的方法就是保证薄膜和衬底材料的热膨胀系数相同或接近，在测量时也应保证成膜温度与测量温度相同。通常情况下，薄膜的热应力随温度成线性变化。本征应力主要来源于薄膜的结构因素和缺陷，根据其在薄膜中的存在位置，分为界面应力和生长应力。内应力是薄膜技术中需要重点关注的薄膜性质，内应力对薄膜质量的影响很大，当衬底材料与薄膜材料相同时，在衬底上沉积成膜以后，薄膜通常处于应变状态。在张应力的作用下，薄膜本身具有收缩的趋势，如果超过薄膜的强度限制，薄膜就会发生开裂；在压应力的作用下，薄膜内部有向薄膜表面扩散的趋势，情况严重时，压应力会使薄膜起皱或者脱落。影响薄膜内应力的主要因素与影响薄膜附着力相似，主要有衬底原因、工艺沉积过程和薄膜本身的影响。

薄膜的电学性质依赖于薄膜材料的本身，如电阻率、电阻温度系数、介电常数等及其与膜厚、外加电场、环境温度等的关系直接决定了薄膜在各种实际应用中的性能。本书主要介绍金属薄膜、介质薄膜和半导体薄膜的电学性质，其他薄膜的电学性能可以参考一些相关的资料和参考书。

金属薄膜与块状金属一样，都是良好的导体。金属薄膜在电子学的领域应用很广泛，包括半导体器件的电极、各种集成电路的导线和电极、电阻器、电容器、超导器件和敏感元件等。金属薄膜的电导不同于块状材料，它的大小和性质取决于金属薄膜的结构和厚度，根本上来说，基本取决于成膜的工艺。金属的导电从宏观理论来看，电阻率只与金属材料本身的特性有关，与导体的几何尺寸无关，且与温度相关。从微观理论来分析，在金属晶体中，原子失去价电子成为正离子，正离子构成晶体点阵，价电子则成为公有化的自由电子，在金属中电子的运动不可能准确定义其位置和动量，只能用电子出现的概率来描述电子的位置。金属薄膜分为连续金属膜和不连续金属膜（一般厚度为几十埃、完全由孤立小岛形成的岛状膜）。连续金属膜的电阻率一般大于块状金属的电阻率，并且金属薄膜的电阻率与金属薄膜的厚度有关，与块状金属相同，金属薄膜的电阻率也与温度相关。岛状膜的电阻率非常大，电阻率温度系数为负值，在低电场强度时呈现欧姆性质导电，高电场是非欧姆性质的导电，在高电场情况下有电子发射和光发射现象出现，岛状膜的电流噪声也比较大。另外一种金属膜就是网状薄膜。网状薄膜的电导是由金属小岛、金属接触点或金属细丝及刀剑空隙的电导构成的，这种结构的金属薄膜的电导对触点和细丝处的物理和化学变化非常敏感，由于岛间空隙或岛间介质的电阻远大于接触电阻，因此两个小岛的接触电阻远大于这两个小岛本身的电阻。对于丝状薄膜，由于细丝的直径远小于块状材料中的电子平均自由程，因此，丝状薄膜的电阻率远大于连续薄膜。

电介质薄膜是不显示电导特性的绝缘体的总称。由电介质制成的介质薄膜主要用于各种微型容器和各种敏感电容元件，而由绝缘层制成的介质薄膜主要用于各种集成电路和各种 MOS 半导体器件，而由导体制成的薄膜可以应用于各种隧道二极管、超导隧道器件、金属陶瓷电阻器、热敏电阻器和开关器件等。介质薄膜的介电性能虽然与体材料介质有很多相似，但是在某些方面却有显著不同，如体材料介质的电导率较小。介质薄膜内的电导来源主要分为离子型电导和电子型电导。在强电场作用下，介质薄膜中的电导包括离子电导和电子电导。在弱电场作用下，其电导的主要来源是杂质能级电子电导和离子电导。在一般电场情况下，介质薄膜的电导率随温度的升高而增大。当施加到介质薄膜上的电场强度达到某一数值时，它便立刻失去绝缘性能，这种现象称为介质薄膜的击穿现象。介质薄膜在发生击穿时的绝缘电阻非常小。介质薄膜的击穿分为软击穿（介质膜在击穿时并不是烧毁，而是长期稳定地维持低阻值状态）、硬击穿（介质薄膜击穿后，如果电场持续加在介质膜上，会将介质膜烧毁）、本征击穿（外电场超过介质薄膜本身抗电强度而产生的击穿）和非本征击穿（由于薄膜结构的缺陷而导致的击穿）。对于同一种介质薄膜，制造方法不同，其击穿电场的强度有较大的差异，这主要是由于不同工艺的制造方法在介质薄膜中产生的针孔、微裂纹、纤维丝和杂质等缺陷情况不同而造成的。介质薄膜的介电性质，主要考虑介电薄膜的介电常数和介质损耗。有些介质薄膜还具有热释电性质、铁电性质和压电性质，需要根据不同的用途而选择不同的工艺，来加工制造所需要的薄膜。

半导体薄膜的发展与半导体器件及集成电路的发展有着密切的关系，在各种半导体材料中，半导体薄膜占有非常重要的地位。首先得到应用的半导体材料就是半导体薄膜，如氧化亚铜整流器和锗整流器件。本书主要关注半导体薄膜技术，因此对半导体薄膜的单晶、多晶、非晶和氧化物半导体薄膜等 4 种材料的性质进行介绍。

单晶半导体薄膜，主要包括硅外延薄膜（Epitaxy）、SOS（Si On Sapphire）薄膜、Ⅱ-Ⅵ族化合物半导体薄膜和Ⅲ-Ⅴ族化合物半导体薄膜。硅外延薄膜就是原子以单晶的形式排列在单晶衬底上，使最后形成的薄膜层的晶格结构恰好是衬底晶格结构的外延。硅外延薄膜是通过化学气相沉积法（CVD）制造的。一般硅外延膜的厚度在 $1\sim20\mu m$ 范围内。在制造高品质的硅外延膜时，主要考虑外延膜厚度的均匀性和电阻率的均匀性。在外延膜的生长过程中，外延膜的厚度分布均匀性主要受反应气体流速的影响，如果气流速度过快，会形成不稳定的紊流，导致生成的外延膜中间厚边缘薄，如果反应气流过慢，结果是外延膜的中间薄边缘厚。而外延膜电阻率的均匀性取决于反应气体中杂质的数量和种类。在外延膜的生长过程中常见的是自掺杂效应。自掺杂效应就是在外延膜的生长过程中来自衬底中的杂质掺杂。为了抑制自掺杂效应，应在 CVD 过程中降低气压（LPCVD），降低外延膜的生长速率，增大气体流量，使用低蒸气压掺杂剂。在硅外延膜生长过程中会导致外延膜中存在结构缺陷，在外延膜中的结构缺陷有位错、积层缺陷、析出物、杂质异物和氧化缺陷等。从广义角度看，还有氧、碳及重金属杂质、原子空位和填隙原子等点缺陷的存在。并且在硅外延膜的生长时容易产生掩埋层位置移动和边缘塌陷变形等现象。这些现象与外延膜的生长工艺条件相关，如外延膜的生长温度、工艺气体的种类及外延膜生长选择的衬底晶面等条件相关。这些都需要在生长外延膜时通过控制工艺参数等条件，以生长符合需求的外延膜。

SOS 薄膜是在蓝宝石衬底上外延生长的硅膜，称为 SOS 薄膜（Si On Sapphire），是制造大规模集成电路的理想材料，利用 SOS 薄膜可以提高集成电路的集成度、工作速度和可靠性，并有效地降低功耗。但是 SOS 薄膜是通过异质外延生长的，在 SOS 薄膜中还存在一些缺点：如由于硅和蓝宝石的热膨胀系数不同，在 SOS 薄膜中会产生压应变、高密度晶格缺陷，在硅膜和蓝宝石衬底之间存在过渡区，并且还存在来自于衬底的铝掺杂。这些缺点的出现对 SOS 薄膜性质的影响很大，由于热膨胀系数不同，会在压应力的作用下使硅薄膜的导带能量发生变化，从而引起电导率的变化。结构缺陷多少也会影响薄膜电导率的不同，随着薄膜厚度的增加，薄膜中的位错减少，从而导致薄膜电阻率的变化。硅薄膜和蓝宝石衬底之间的过渡区厚度不大，一般是 20～40nm，在这个区域存在着铝-硅-氧化合物，与硅-二氧化硅界面一样，在硅膜与蓝宝石衬底界面处的硅禁带的中间区域，界面能级密度偏小。在半导体器件中，这种界面能级是形成漏电流的一个主要原因，但是蓝宝石衬底中的铝的自动掺杂作用对硅膜的电导率影响不大。

II-VI族化合物半导体薄膜可以利用 CVD 工艺，在各种衬底上加工出单晶薄膜，如可以在砷化镓等衬底上进行异质外延生长并制备出低电阻率的 N 型单晶薄膜 ZnSe 和 CdS、P 型单晶薄膜 ZnSe 等。这就可以有效地利用薄膜具有禁带宽度大和直接转换导电类型等特点，在光电器件中具有广阔的应用前景。这种薄膜也可以利用 MOCVD 或 MBE 等方法加工制造出低电阻率薄膜。

III-V族化合物半导体薄膜可以利用气相外延或者液相外延的工艺方法加工。在液相外延薄膜中的位错密度与衬底位错密度有直接关系，用控制蒸气压温差法可以有效降低衬底的位错密度，从而改善外延膜的电学性能。

多晶硅半导体薄膜是一种非常常用的半导体薄膜，多晶是具有某种尺寸分布的单晶颗粒的一种集合体。这些晶粒没有一定的结晶方向，在每个晶粒内部有规则顺序排列的原子，但没有晶格缺陷，在晶粒的间界处有显著的晶格混乱失配。在单晶中，晶体的性质主要取决于位错密度和杂质浓度。但在多晶中，由于晶粒尺寸分布和择优取向等因素影响，其物理性质千差万别。半导体多晶薄膜的电学性质在很大程度上受晶粒尺寸、晶粒间界和晶粒间界处缺陷密度的影响。

非晶半导体薄膜根据元素化学性质和组合情况分为两种类型：硫硒碲系和四面体系。硫硒碲系可以用真空蒸发或阴极溅射等气相沉积法或液相沉积法来制备，与单晶半导体材料类似，它具有电子传输性能、激活型导电、具有大的热电势及较高的光导性能。

氧化物半导体薄膜应用比较广泛的是 SnO_2、In_2O_3 和 Cd_2SnO_4 等半导体薄膜。这些薄膜都是透明导电薄膜，在电学和光学方面有着广泛的应用。在电气应用中，对普通透光性和导电性都有较高的要求，而在光学应用中，要求对可见光和红外光具有较好的选择反射特性。

3.3 薄膜衬底材料的一般知识

自 20 世纪 70 年代以来，薄膜技术得到了飞速发展，无论在学术上还是实际应用中都取得了可喜的成果，薄膜技术、薄膜材料和表面科学的相互结合推动了薄膜产品的全方位发展。随着科学技术的发展，各种特殊用途对薄膜技术和薄膜材料提出了各种各样的要求，首先要求薄膜和衬底材料结合牢固，成膜质量高，常用的薄膜衬底主要包括玻璃衬底、陶瓷衬底、单晶片衬底、塑料衬底和金属衬底等。本节将对常用的薄膜衬底的性能和应用及常用的清洗方法进行简要介绍。

3.3.1 玻璃衬底

玻璃是由二氧化硅和其他化学物质熔融在一起形成的一种透明的具有平滑表面的稳定性材料，可以在小于 500℃温度下使用。玻璃的热性质和化学性质随着成分不同而有明显的变化，作为薄膜衬底材料，常用的玻璃有石英玻璃、高硅酸盐玻璃、硼硅酸盐玻璃、普通玻璃板等。

石英玻璃是采用熔融石英法制成的以二氧化硅单一组分的特种工业技术玻璃，这种玻璃具有耐高温、膨胀系数低、耐热震性、化学稳定性和电绝缘性能良好，并能透过紫外线和红外线，除氢氟酸和热磷酸外，对一般的酸具有良好的耐酸性。石英玻璃可以用来制作半导体通信装置、激光器、光学仪器、耐高温耐腐蚀化学仪器等，高纯石英玻璃可以拉制光导纤维。随着半导体技术的发展，石英玻璃被广泛地应用于半导体生产的各个工序中，如清洗槽、扩散炉管等。石英玻璃的常用温度为 1100℃，但玻璃含水量较多时，降低使用温度 50℃～100℃更为安全可靠。

硅酸盐玻璃是指以二氧化硅为主要成分，含有钠钙硅酸盐、钠铝硅酸盐、钠硼硅酸盐的玻璃。它具有一定的化学稳定性、热稳定性、机械强度和硬度，可溶于氢氟酸（腐蚀），硅酸盐玻璃的应用最为广泛。高硅酸盐玻璃的性质与石英玻璃相近，具有强耐酸性和弱耐碱性。

硼硅酸盐玻璃的线膨胀系数介于石英玻璃和普通玻璃板之间，它具有很高的耐热性和很好的耐久性，但是由于硼硅酸盐玻璃容易产生相分离，因此当用于 500℃～600℃时，其原有的化学耐久性会明显降低，因此硼硅酸盐玻璃的使用推荐温度为 550℃。硼硅酸盐最为广泛应用的是 PYREX 玻璃，在 MEMS 器件的硅玻璃封装中，由于 PYREX 的耐久性和工艺加工温度与 MEMS 键合工艺的温度相匹配而被广泛使用。

普通玻璃板的使用最为广泛，它是以 CaO 和 Na_2O 成分代替高价硼酸盐和难溶的氧化铝成分而制成的玻璃品种。这种玻璃具有透光、隔热、耐磨等性能，在采用浮法生产后，玻璃板的平直度明显得到了提高。

　　无论哪种玻璃，当要求具有更好的平面度、大面积的平直性和为防止高折射率的衬底表面发生反射时，都要对玻璃表面进行研磨加工，先使用磨料进行粗磨，然后进行精研磨，以达到薄膜工艺加工中对衬底表面的精度要求。

3.3.2　陶瓷衬底

　　绝缘性陶瓷衬底，即使在高温条件下对高频电力也具有优异的绝缘电阻、耐压和介电损耗等性能，从耐热性能、传热性能、化学稳定性和强度等方面来看，陶瓷衬底作为高频电力的绝缘材料是最优异的。陶瓷衬底根据组成成分的不同，主要可应用于混合集成电路、半导体集成电路、大规模集成电路、晶体管基极和电子管的外壳。陶瓷的性能主要受到下面许多因素的影响：主要成分的晶体类型、非主要成分组成、杂质、玻璃质中间物、气孔的数量和分布状态及在陶瓷结晶过程中产生的成分偏离和结构缺陷等，因此，对于陶瓷质量的控制是非常困难的，随着现在科学技术的发展和工艺水平的不断提高，目前生产的陶瓷绝缘材料，在功能、材质特性、与金属连接的加工复杂性、尺寸精度和形状精度方面都有了很大的提高，已经可以应用到半导体器件、集成电路和大规模集成电路中去。

　　氧化铝陶瓷衬底作为耐热材料，在电子管时代就早已得到应用。氧化铝陶瓷衬底的介电性能是随着它纯度的提高而提高的。高纯度氧化铝的烧结技术和成型技术的高速发展，伴随着高纯度氧化铝的金属化技术的成熟，氧化铝陶瓷衬底在半导体行业的应用急剧扩大。在薄膜电路中主要使用以下几种陶瓷衬底：

　　（1）研磨的氧化铝衬底；

　　（2）在氧化铝衬底上涂玻璃釉而构成的涂釉衬底；

　　（3）表面光洁的高纯度氧化铝衬底；

　　（4）研磨的蓝宝石衬底。

　　蓝宝石衬底在电绝缘性能、化学热稳定性能、导热性能和表面粗糙度等方面具有优异的表现，蓝宝石衬底应用范围很广，除用做电子材料外，还可以用做光学材料、机械零件材料和装饰材料。由于蓝宝石在 GHz 的超高频范围内的介电损耗小、热导率大，因此，蓝宝石衬底常被用做微波器件衬底。另外，由于蓝宝石表面非常光洁，因此，可以用做需要进行微细图形加工的混合集成电路衬底和精密薄膜电阻的衬底材料。

　　陶瓷衬底在半导体功能元件的高密度化中得到了极大的应用。在陶瓷衬底上高密度集成大规模集成电路的许多芯片，芯片间的布线配置于陶瓷衬底的内部和陶瓷衬底表面，如果将这些布线多层化、高密度化，则布线长度变短，延迟时间缩短。达到这种工艺的方法主要有生片叠层法、厚膜叠层法和薄膜叠层法。薄膜用的陶瓷衬底可采用内部包含非常复杂的精密电路的多层陶瓷衬底，并在衬底上面用薄膜法制备电路，这样就制成了大量的大规模集成电路，构成高密度、高可靠性和高速度的多芯片微型器件。

3.3.3　单晶体衬底

　　单晶体衬底对外延薄膜的质量有重要的影响，外延膜的许多性能实际是由衬底单晶片决定的。特别是为了能在高温衬底上生长外延膜，必须详细了解单晶衬底的热性质。衬底晶体由于各向异性会产生裂纹，衬底与薄膜的热膨胀系数相差很大时，会在薄膜内部残留很大的内应力，这样会使薄膜的可靠性下降。常用的单晶体衬底有金刚石、石墨、硅、锗、岩盐、氯化钾、砷化镓、锑化镓、砷化铟和锑化铟等。

　　单晶硅作为集成电路常用的衬底材料，是具有基本完整的点阵结构的晶体，具有良好的各向异性，是一种良好的半导体衬底材料。单晶硅主要用于制造半导体器件、太阳能电池等，单晶硅的制作一般采用高纯度的多晶硅在单晶炉内拉制而成。单晶硅具有金刚石晶格，晶体硬而脆，具有金属光泽，能导电，但导电率不及金属且随着温度的升高而增大，具有半导体性质。单晶硅是重要的半导体材料。在单晶硅中掺入微量的第Ⅲ族元素，形成 P 型半导体，掺入微量的第Ⅴ族元素，形成 N 型半导体，N 型和 P 型半导体结合在一起，就可做成太阳能电池，将辐射能转变为电能。

　　金刚石是由碳元素组成的碳元素的同素异形体。石墨可以在高温高压下形成人造金刚石，虽然都是由碳元素组成的，但是石墨与金刚石的物理性质完全不同。金刚石化学性质稳定，具有耐酸性和耐碱性，高温下不与浓 HF、HCl、HNO_3 作用，在 O_2、CO、CO_2、H_2、Cl、H_2O、CH_4 等高温气体中不腐蚀。金刚石还具有非磁性、不良导电性、亲油疏水性和摩擦生电性等，只有Ⅱb 型金刚石具有良好的半导体性能，这种材料多用于空间技术和尖端工业。

　　石墨也是碳元素的一种同素异形体，它属于导电体。石墨的工艺特性主要取决于它的结晶形态。结晶形态不同的石墨具有不同的工业价值和用途。石墨由于其特殊的结构，具有耐高温性，热膨胀系数很小。石墨的导电性比一般非金属好，导热性超过钢、铁、铅等金属材料，石墨的导热系数随着温度的升高而降低，甚至在极高温度下，石墨成为绝热体。石墨在常温下具有良好的化学稳定性，能耐酸、耐碱和耐有机溶剂的腐蚀。石墨在常温下使用能经受住温度的剧烈变化而不被破坏，因此具有良好的抗热震性。石墨可以用做耐火材料、导电材料、取代铜作为电极材料，石墨还可以应用于原子能工业和国防工业。

　　砷化镓是一种重要的半导体材料。属Ⅲ-Ⅴ族化合物半导体。砷化镓于 1964 年进入实用阶段。砷化镓可以制成电阻率比硅、锗高 3 个数量级以上的半绝缘高阻材料，用来制作集成电路衬底、红外探测器、γ 光子探测器等。由于其电子迁移率比硅大 5～6 倍，故在制作微波器件和高速数字电路方面得到重要应用。用砷化镓制成的半导体器件具有高频、高温、低温性能好、噪声小、抗辐射能力强等优点。此外，还可以用于制作转移器件——体效应器件。砷化镓是半导体材料中兼具多方面优点的材料，但用它制作的晶体三极管的放大倍数小，导热性差，不适宜制作大功率器件。虽然砷化镓具有优越的性能，但由于它在高温下分解，故要生长理想化学配比的高纯的单晶材料，技术上要求比较高。

锗属于碳族元素，其化学性质与硅相近，不溶于水、盐酸、稀苛性碱溶液，溶于王水、浓硝酸或硫酸，具有两性，故溶于熔融的碱、过氧化碱、碱金属硝酸盐或碳酸盐，在空气中较稳定，锗是优良半导体，可作高频率电流的检波和交流电的整流用，此外，可用于红外光材料、精密仪器、催化剂。锗的化合物可用于制造荧光板和各种折射率高的玻璃。锗具备多方面的特殊性质，在半导体、航空航天测控、核物理探测、光纤通信、红外光学、太阳能电池、化学催化剂、生物医学等领域都有广泛而重要的应用，是一种重要的战略资源。在电子工业、合金预处理、光学工业中，还可以作为催化剂。高纯度的锗是半导体材料，从高纯度的氧化锗还原，再经熔炼可提取而得。掺有微量特定杂质的锗单晶，可用于制各种晶体管、整流器及其他器件。锗的化合物用于制造荧光板及各种高折光率的玻璃。

其他材料的衬底，如金属衬底，主要是获得保护性或功能性薄膜，如开发具有电学功能、磁学功能、光学功能、音响功能、机械功能和热功能等材料。由于在半导体行业中使用不多，就不一一介绍了。

3.3.4　衬底清洗

在半导体器件的加工过程中，衬底表面洁净度的重要性越来越受到重视。由于半导体器件已经进入到亚微米时代，使对硅片及进行工艺加工后的硅片进行有效的清洗也变得比以往任何时候都更加重要。

衬底清洗的主要目的是在不损伤衬底表面或者结构的情况下，从衬底表面去除物理或者化学沾污。实现衬底清洗可采用湿法清洗、干法清洗和气相干法清洗等方法。各种清洗方法针对不同的清洗目标具有不同的应用效果，为了获得更有效的清洁效果，可以将各种不同的清洗方法综合使用。

半导体衬底清洗技术的关注点随时间而改变。起初关注的是颗粒污染和金属污染物。随着微粒和金属污染的数量级逐渐减小，以及对这些污染控制的有效清洗方法的使用，现在更多关注的是有机污染和表面状态等相关问题。就清洗媒介来看，湿法清洗仍然是现代先进衬底清洗工艺的主力。干法清洗大多是用于表面清理的步骤。为了半导体清洗技术能满足不断出现的新需求，必须对现有工艺进行调整和修正。随着纵向尺寸的持续缩小，清洗操作过程中的材料损失和表面粗糙度就成为关注的新领域，将微粒去除而又没有造成材料损失和图形损伤是对清洗工艺最基本的要求。为了减少某些器件结构中的图形损失和结构损伤，气相干法清洗工艺显得越来越重要了。多年来开发的硅清洗工艺是解决其他半导体材料表面加工挑战的基础。各种新材料、新结构、新器件的出现必将推动半导体清洗技术的发展。

清洗工艺是在半导体加工工艺过程中最常使用的工艺。虽然清洗工艺本身并未对构建器件性能起到任何作用，但是，它对去除衬底表面沾污的作用是不能忽视的。目前，湿法清洗工艺仍将是去除衬底表面沾污的主要技术。但是由于器件关键尺寸的逐步缩小，湿法工艺的局限性逐步体现出来，如在大的高宽比结构中，湿法清洗工艺虽然可以将结构完全浸润并清洗，但是无法将进入到结构中的清洗液顺利排出并干燥。另外，由于湿法清洗工艺中存在着高纯化学品和去离子水的成本问题、废液废物处理问题、环保问题和安全问题，所以，开发替代湿法工艺的干法清洗工艺也是很有必要的。

由于湿法清洗技术已经获得了业界的广泛应用，所以干法清洗技术并不能完全取代湿法清洗技术，干法清洗技术的出现主要是为了解决湿法清洗技术不能应用的技术领域问题。干法清洗技术与湿法清洗技术的机理不同，干法清洗主要是通过将沾污转化成挥发性的化合物、刻蚀衬底材料和溅射等方式去除衬底表面沾污，另外，干法清洗工艺可以采用更为灵活的热增强效应。

干法清洗工艺中主要包含以下几种工艺：（反）溅射清洗、热增强清洗、气相清洗、等离子清洗和光化学清洗工艺。就干法清洗技术而言，面临的最大难题就是金属沾污的去除问题。在去除金属沾污方面，多种干法清洗技术已经日趋成熟。尽管如此，为了使干法清洗工艺完全适应大规模工业生产，对干法清洗工艺的研究还要进一步深入，以便其满足未来多样化的使用需求。

紫外线/臭氧工艺已经成功地应用于各种衬底表面的清洗，这种技术最早是作为去除有机沾污的清洗技术，之后经过广泛的研究后逐渐应用到各种清洗环节中，包括金属化、外延和氧化前衬底表面处理。这种工艺在去除衬底表面的碳和碳氢化合物方面具有很高的效能，另外，这种技术还可以应用于对光刻胶的剥离和 RIE 工艺后衬底表面残存聚合物薄膜的去除。

等离子清洗工艺具有工艺简单、操作方便、没有残留物等特点而广泛应用于光刻胶去除。由于去胶操作简便，去除光刻胶后表面干净无划伤等优点，有利于确保去胶工艺的工艺质量而逐步在生产中得到广泛的应用。

气相清洗是利用液体工艺中对应物质的气相等效物与衬底表面的沾污物质相互作用，从而达到去除沾污目的的一种清洗方法。气相清洗工艺通常用来去除氧化物，利用 HF 气相工艺替代液体清洗工艺。气相清洗工艺的一个优点就是 HF 的消耗量比液体工艺的消耗量要少得多，对成本节约有极大的作用。同时化学品的用量减少，简化了化学药品的处理工作量，极大地减少了清洗过程对环境造成的影响。气相清洗工艺对提高器件性能和稳定性能提供了更优质的表面质量。另外气相清洗工艺清洗效率高，出片快，能有效地缩短加工周期。随着未来器件的复杂性增加和特征尺寸的逐步缩小，加工过程中对气相清洗工艺的需求将会越来越大。

衬底清洗领域的出版物和技术会议的数量都呈现出不断增长的趋势，这表明整个半导体行业对于衬底清洗技术的关注度越来越高。由于有些半导体器件对工艺的要求相对简单，所以湿法清洗工艺会一直应用于这种器件的生产工艺中。湿法工艺所具有的材料选择性比干法工艺容易在生产环境中实施，所以更适合多批次处理工艺。所以，只要湿法清洗工艺可以有效地实施，且比干法工艺更为经济，那么湿法工艺就会一直存在于芯片加工行业中。

对于干法清洗工艺而言，还需要进行广泛的研究，以便获得更高性能的工艺技术。对干法工艺的研究主要集中在对金属沾污处理方面，希望能够在足够低的温度下利用气化的方式去除金属沾污，从而避免金属沾污扩散到半导体体内，进而避免对器件的性能产生不利的影响。在未来的研究中，有必要将微量化学沾污类型、衬底清洗操作和对器件性能的影响联系在一起进行综合研究，并深入研究它们之间的相互关系。

　　未来对清洗设备的研究是考虑研发全自动的超纯清洗系统，这个系统最好能够进行干法和湿法清洗操作。在使用化学品过程中对化学品沾污来源进行控制，并将广泛利用现场制作的方法生成化学药品来避免化学品带来的沾污，另外，对化学品的循环再利用也将是未来研发的重点，从而避免对环境造成的污染和破坏。在工业界，减少液态化学品，用气态化学品进行替代也将成为未来的发展趋势。最后，对微沾污的检测和控制技术也必须得到长足的进步和发展，以便于在衬底测量、工艺用气体和液体检测时可以检测出微量沾污的容许水平。未来还可能发明出基于新概念、新理论的实用测试设备，并使这些设备在半导体芯片制造工艺中具备探测、检测和测量更小尺寸颗粒的能力。由于衬底清洗这一领域涉及多学科多专业及新的化学工艺、物理处理的结合使用问题，可以预见在不远的将来，衬底清洗领域将会步入一个繁荣的发展时期。

3.4　薄膜的性能检测简介

　　在现代半导体工艺中，薄膜起着主导作用，它在集成电路的所有通用工艺中，都处于至关重要的地位。无论制备薄膜的目的是科学研究还是工业应用，都是为了实现薄膜的特殊功能（如在 IC 工艺中二氧化硅膜的掩蔽作用、光学薄膜的应用、超导薄膜等基础性和实用功能等），需要对薄膜的特性进行检测。进行薄膜特性检测的目的很明确，就是通过检测结果的指导，对薄膜的质量进行评价，寻找最佳工艺条件，获得更好性能的薄膜，同时可以为工艺稳定性和器件的工艺条件确定提供参考和帮助。通常对薄膜的性能检测主要包括薄膜厚度、薄膜的表面形貌及薄膜结构分析、薄膜成分分析及对薄膜的稳定性和可靠性的分析等几个方面。

3.4.1　薄膜的厚度检测

　　薄膜的厚度检测方法主要有两种，一种是非接触检测方法，另一种是接触检测方法。非接触检测方法主要是利用光学干涉方法对薄膜的厚度进行检测。接触检测方法主要是将细针触及薄膜表面，触针运动并在一定范围内进行扫描，通过这种方法对薄膜的表面进行测定的方法叫做触针法。

　　用光干涉法测量晶体表面的平面度，由于是以光波的波长作为基准的，所以可以进行高精度测量。光干涉法最早用于晶体表面观察，使用后发现也可以用于衬底上外延生长的薄膜厚度测量及对薄膜表面质量的评定。这种方法具有不破坏样品的优点，同时在薄膜生长过程中，使用这种方法可以连续测定薄膜厚度。用触针方法测定膜厚存在测定中的薄膜表面损伤问题，触针法的优点是仅通过机械操作就可以进行直接测量，操作快捷迅速。

　　薄膜一般是在衬底上生长或沉积并与衬底结合为一体的。薄膜的厚度就是物质沉积在衬底上堆积量的表现形式。测定膜厚有很多具体的方法，但是实际的薄膜是不会如镜面那样平整的，即使比较厚的薄膜，其密度、结晶性也未必能达到体材料的程度。测定膜厚的方法分类，到目前为止根据不同的方法和设备有很多种，但是在选用测定膜厚的设备和方法时，必须根据薄膜和衬底的组合情况、薄膜的厚度范围和薄膜的形态等因素综合分析，从而选择更为合适的测定方法。

　　多重反射干涉法是一种标准的膜厚测量方法。在衬底上薄膜堆积的高度，即形状薄膜的厚度测定，可以分为测定边缘膜厚与衬底台阶的高度差及利用薄膜的横断面直接测量等方法，多次反射干涉法属于前一种方法，这种方法与其他测量方法相比，通常是给出标准的或基准的测定值，测定范围几十埃到几千埃的厚度，从而得到了广泛的应用。

　　如图 3-4 所示为在测定膜厚时，薄膜样品和光学平台的设置方法。多次反射面的一面是光学平台的反射面，另一面是薄膜和衬底面。通过显微镜观察，可以看到透射的干涉条纹，当薄膜或衬底为不透明时，观察到的是明暗相反的反射干涉条纹。通过测量相关条纹的间距和薄膜边缘的干涉条纹偏移量，就可以得到薄膜的厚度。

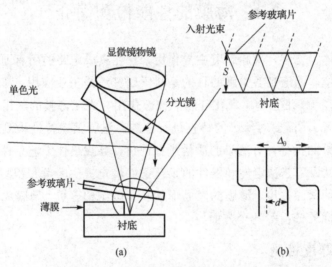

图 3-4　薄膜的厚度测试原理图

　　等厚薄膜干涉条纹的测量装置如图 3-4(a)所示，首先在薄膜的台阶上下均匀地沉积一层高反射率的金属层，然后在薄膜上覆盖一块半反半透的平面镜，由于在反射镜与薄膜表面之间一般是不完全平行的，因此在单色光的照射下，反射镜和薄膜之间光的多次反射将导致等厚薄膜干涉条纹的产生。

　　针对透明薄膜厚度的测量，由于薄膜与衬底都是透明的，而且折射率不同，薄膜对垂直入射的单色光的反射率随着薄膜的光学厚度变化而发生振荡，利用单色光入射，通过改变入射角度及反射角度的方法来满足干涉条件的方法称为变角度干涉法（VAMFO），原理如图 3-4 所示。而使用非单色光入射薄膜表面，在固定光的入射角度的情况下，使用光谱仪测量干涉波长，这种方法称为等角反射干涉法（CARIS），如图 3-5 所示。

薄膜厚度的测量经常采用机械测量方法。采用直径很小的触针滑过被测薄膜的表面，同时记录下触针在垂直方向的移动情况并画出薄膜表面轮廓的方法称为粗糙度仪法，这种方法简单、直接，但是容易划伤较软的薄膜并引起测量误差，对于表面粗糙的薄膜的测量误差较大。

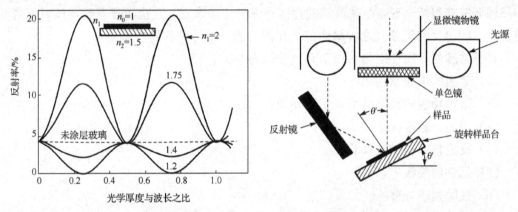

图 3-5　等角反射干涉法测量透明薄膜的厚度

采用物理方法加工的薄膜，如采用分子束蒸镀、溅射镀膜法等工艺加工的薄膜，可以采用称重法和石英晶体振荡器法进行薄膜厚度的测量。称重法是利用薄膜的密度、质量和面积，如果可以精确确定、并且假设薄膜的厚度非常一致的情况下进行薄膜厚度的一种测量方法，它的缺点是测量精度依赖于薄膜的密度及面积的测量精度。石英晶体振荡器法是将石英晶体沿着它的线膨胀系数最小的方向切割成片，并在两端面上沉积金属电极。如图 3-6 所示，由于石英晶体具有压电特性，因此在电路匹配的情况下，石英片上将产生固有频率的电压振荡。将这样一只石英振荡器放在反应室的衬底附近，保证与衬底的工艺条件相同，通过与另一振荡电路频率的比较，可以很精确地测量出石英晶体振荡器固有频率的微小变化。在薄膜沉积的过程中，沉积物质不断地沉积在石英晶片的一个端面上，监测振荡频率随着沉积过程的变化，就可以知道相应物质的沉积质量或薄膜的厚度。

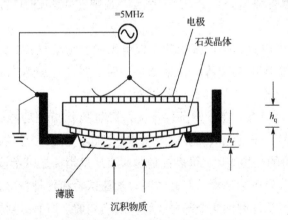

图 3-6　石英晶体振荡法测量薄膜厚度原理示意图

3.4.2　薄膜的可靠性

所谓薄膜的可靠性，是指薄膜在规定的条件下，在规定的时间内，完成所需要功能的能力。为了确定薄膜的这种能力，必须具体规定客观上可能测定的标准。当使用方法和周围环境变得苛刻时，即使薄膜的性能存在一定的余量，它也存在着性能随时间延长而变化，即老化的现象，这种薄膜抗老化的性能一般称为薄膜的稳定性。

对于薄膜的可靠性应当从以下几点予以考察：

（1）薄膜的生成及结构；

（2）薄膜功能的极限模型及劣化模型；

（3）应力、强度；

（4）反应模型和加速试验；

（5）元件的接线；

（6）故障判断标准。

薄膜形成及结构与许多因素有关，如薄膜生长时工艺参数的不同、衬底清洁度和平整度、衬底有无位错及形变等都与薄膜的特性有关。在薄膜生长时，与衬底晶体得到类似的结构并继续生长时，在薄膜厚度很薄时，薄膜被迫与衬底保持相同的晶格常数，因此薄膜在这种状态下通常具有弹性形变。当薄膜继续生长变厚时，薄膜和衬底的界面就会引入位错。另外，当到达衬底表面的原子被吸附在衬底表面时，就会在衬底上扩散成薄膜的核心，进而扩散成岛，岛与岛连接形成连续的薄膜，这种薄膜的生成情况取决于生长状态，容易产生位错和晶界，导致薄膜内部存在电迁移和薄膜发生脆性。

薄膜在生成过程中往往存在内应力，任何超过薄膜强度的应力都会使薄膜受到破坏。因此薄膜必须有足够的强度。薄膜的强度会随着薄膜的老化而下降，薄膜的强度和应力必然会受到像环境温度、湿度等环境的影响，在使用过程中也会受到导线连接方式、形状等影响，从而导致薄膜老化，强度降低。所以在薄膜生成和使用过程中，必须提高薄膜强度，防止薄膜劣化，必须在可控的工艺范围内尽量减少或消除应力。

薄膜及衬底在受到电磁、热、振动冲击或者温度、污染气体、射线照射时会引起薄膜材料的变质，因此在应用某种薄膜在某器件中时，要进行加速寿命试验，加速寿命试验是研究防止薄膜劣化措施的极其重要的试验。

各种薄膜在一定时间内、在一定条件下无故障地执行指定功能的能力或可能性，需要通过可靠度、失效率、平均无故障时间等来进行评价。薄膜可靠性试验是对薄膜进行可靠性调查、分析和评价的一种手段。可靠性是对薄膜质量指标加以考核和检验的一种手段。可靠性试验一般可以分为环境试验、寿命试验、加速试验和各种特殊试验。可靠性试验可以分为可靠性设计和可靠性测试两个部分。我们应当知道，所有针对薄膜可靠性进行的工作，都是为了获得高质量的、符合设计要求的薄膜，使薄膜能更好地为我们服务。

本 章 小 结

　　本章主要对半导体加工工艺中常用的薄膜基础知识进行了简要的介绍。由于在现代集成电路加工工艺中，半导体薄膜起到了非常重要的作用，纵观整个半导体工艺，主要是由薄膜、光刻、刻蚀形成图形转移而构成的，无论有多少步工艺，结构设计有多么复杂，集成电路工艺的本质是不会改变的。本章从薄膜的定义和应用开始，逐步介绍了常用薄膜的结构、薄膜中常见的缺陷及各种常用半导体薄膜的基本性质，并且对半导体工艺中常用的一些薄膜衬底材料进行了简要的介绍。在本章的最后，对半导体薄膜的质量评估及检测方法进行了介绍。通过本章的学习，可以对薄膜的一些基本性质和检测手段与方法有基本了解，为以后各章的学习打下良好的基础。

习　　题

1. 固体薄膜技术的正式研究及制造技术的形成是从何时开始的？
2. 从物质形态上对薄膜的定义是什么？
3. 目前常见并得到广泛应用的薄膜有哪些？
4. 薄膜电阻一般采用何种工艺加工？主要应用在哪些领域？
5. 半导体薄膜主要有哪两种形式？主要应用在哪些方面？
6. 钝化膜的主要作用是什么？
7. 薄膜内部的点缺陷是什么？
8. 薄膜内应力有哪两大类？
9. 薄膜附着的 4 种基本类型是什么？
10. 常见的薄膜衬底有哪几种？
11. 衬底清洗的目的是什么？常用的有哪几种清洗方法？
12. 半导体薄膜加工所进行的衬底清洗工艺确定的主要依据是什么？
13. 简述常见的 RCA 清洗工艺步骤及各个步骤的工艺目的。
14. 薄膜厚度检测有哪两种主要方法？
15. 什么叫做薄膜的可靠性？薄膜的可靠性应该从哪些方面考虑？

第4章 氧化技术

学习目标

通过本章的学习，将掌握和了解：

（1）掌握二氧化硅（SiO_2）薄膜的基本性质；

（2）了解生长二氧化硅（SiO_2）薄膜的几种常用方法；

（3）熟悉二氧化硅（SiO_2）薄膜生长工艺的基本过程；

（4）熟悉二氧化硅（SiO_2）薄膜的质量评价方法和手段；

（5）分析二氧化硅（SiO_2）薄膜生长过程中的质量影响因素。

氧化工艺技术是半导体器件和集成电路制造中的基本工艺。从 1957 年人们发现了二氧化硅薄膜的选择扩散掩蔽膜的作用以来，为了满足半导体器件和集成电路生产的要求，出现了制备 SiO_2 薄膜的多种方法，如高温热氧化、化学气相沉积、阴极溅射、真空蒸发、外延沉积、阳极氧化等。其中以高温热氧化应用最为广泛，目前仍是集成电路工艺中制造 SiO_2 薄膜最主要的工艺方法。

在半导体器件的生产中，SiO_2 薄膜的生长方法主要有以下几种。

（1）热生长 SiO_2 薄膜：热生长的 SiO_2 薄膜广泛应用于硅外延平面晶体管、双极型集成电路、MOS 集成电路作为选择扩散掩蔽膜、钝化膜及集成电路的隔离介质和绝缘介质等。这种生长 SiO_2 薄膜的方法设备简单，操作方便，SiO_2 薄膜较致密。缺点是工艺温度过高（1000℃～1200℃），容易引起 PN 结特性的退化。

（2）热分解沉积 SiO_2 薄膜：这种工艺生长的 SiO_2 薄膜主要用于大功率晶体管和半导体集成电路的辅助氧化，避免真空的不良影响，也可以作为半导体微波器件的表面钝化膜使用。这种方法的优点是 SiO_2 直接沉积在衬底表面，不与硅片发生反应，沉积温度低（700℃～800℃），设备简单，容易得到较厚的 SiO_2 薄膜。这种方法的最大缺点是 SiO_2 薄膜较疏松不致密。

（3）阴极溅射：这种工艺生长的 SiO_2 薄膜主要用于不宜进行高温处理的器件表面钝化膜，也可以用来作为某些半导体器件的绝缘介质。这种工艺的优点是工艺温度低（200℃左右），可以对任一衬底实现 SiO_2 薄膜的沉积。主要缺点是 SiO_2 薄膜生长速度过慢，生成的 SiO_2 薄膜不如热生长致密。

（4）$HF-HNO_3$ 气相钝化：这种工艺主要用于不宜进行高温处理的器件生长钝化膜。这种工艺的优点是反应温度低，一般在室温情况下即可，工艺和设备比较简单，生成的 SiO_2 薄膜比阴极溅射法生长的完整、致密。缺点是生长周期长。

（5）真空蒸发：真空蒸发工艺主要用于制作半导体器件的电绝缘介质层。这种工艺的优点是可以对任意衬底进行薄膜加工，SiO$_2$ 薄膜比较均匀，生长的速度较快。缺点是 SiO$_2$ 薄膜质地不够完整，不致密，设备较复杂，体积庞大。

（6）外延：外延工艺主要用于高频线性集成电路和超高速数字集成电路制作介质隔离槽。在外延工艺中，Si 衬底不参与反应，SiO$_2$ 薄膜质量致密，生长速度快，可以得到厚的 SiO$_2$ 薄膜。缺点主要是工艺加工的温度较高，设备复杂昂贵。

（7）阳极氧化：这种工艺主要用于扩散工艺杂质分布的测定和扩散结深。这种工艺反应温度低，生长的 SiO$_2$ 薄膜厚度比较均匀。缺点是薄膜的结构疏松，易形成针孔，不致密。

随着 LSI 和 VLSI 的迅速发展，以及学术界对 SiO$_2$ 薄膜的结构、性质及 Si- SiO$_2$ 界面特性的研究不断深入，对氧化层质量的要求也越来越高，对于传统的氧化工艺也进行了不断的革新。首先是根据按比例缩小的理论，随着器件尺寸的不断缩小，栅氧化层的厚度必须随着器件尺寸的变化而变化，薄栅氧化层对氧化技术提出了更高的工艺要求，即对氧化层的质量、薄膜厚度的均匀性、薄膜中的针孔密度、介质中的电荷、介质与硅界面的性质等的要求越来越严格，因此，薄栅氧化层工艺技术已经成为 VLSI 制造的关键技术之一。LOCOS 工艺，即局部氧化工艺是在 MOS LSI 制造过程中采用的一种工艺技术。由于"鸟嘴"现象的出现限制了 LOCOS 工艺的应用，目前无"鸟嘴"的局部氧化工艺是 VLSI 制造工艺中重要的研究课题之一。掺氯氧化工艺是集成电路生产中获得高质量超纯净 SiO$_2$ 薄膜的常用技术。这种工艺技术使 SiO$_2$ 薄膜生长速度快、氧化层质量高、均匀性和重复性好、工艺可控制性好，非常适合大规模的生产应用。

4.1　二氧化硅（SiO$_2$）薄膜简介

二氧化硅（SiO$_2$）是半导体工艺加工制造中经常用到的一种薄膜，热氧化生长的二氧化硅薄膜具有无定形玻璃状结构。这种结构的基本单元是一个由 Si-O 原子组成的四面体，如图 4-1 所示。

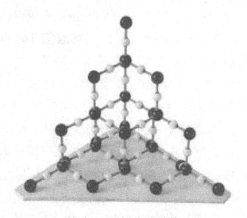

图 4-1　二氧化硅结构

硅原子位于正四面体的中心，氧原子位于四个角顶，两个相邻的四面体通过一个桥键氧原子链接起来构成无规则排列的三维网格结构。无定形二氧化硅不同于石英晶体，石英晶体的特点是"长程有序"，但 SiO_2 薄膜不同，从局部来讲，原子的排列并非完全杂乱而是有一定规则的，也就是所谓的"短程有序"。这也说明 SiO_2 薄膜并不完全由杂乱的网格组成，相当短的有序区域是存在的。由于 SiO_2 薄膜网络结构的无序性，网络结构疏松不均匀，在网络中存在着无规则的空洞，因此 SiO_2 薄膜的密度比石英晶体密度低，并且没有固定的熔点。二氧化硅的化学性质比较稳定，不与水反应。在大多数微电子工艺感兴趣的温度范围内，二氧化硅的结晶率低到可以忽略不计。

SiO_2 薄膜的物理性质如表 4-1 所示，根据不同的制备工艺获得的 SiO_2 薄膜的物理性质略有差异，如密度、折射率、电阻率、介电常数、介电强度等。

表 4-1　SiO_2 薄膜的物理性质

氧化方法	密度（g/cm³）	折射率（λ=546nm）	电阻率（Ω·cm）	介电常数	介电强度（10^6V/cm）
干氧	2.24～2.27	1.460～1.466	3E5～2E6	3.4（10kHz）	9
湿氧	2.18～2.21	1.435～1.458		3.82（1MHz）	
水汽	2.00～2.21	1.452～1.462	1E15～1E17	3.2（10kHz）	6.8～9
热分解沉积	2.09～2.15	1.430～1.450	1E7～1E8		
外延沉积	2.3	1.460～1.470	7E14～8E14	3.54（1MHz）	5～6

二氧化硅薄膜具有极高的化学稳定性，它不溶于水，除氢氟酸（HF）外，不与其他的酸发生化学反应，二氧化硅与氢氟酸反应的化学方程式如下：

$$SiO_2 + 4HF = SiF_4\uparrow + 2H_2O \tag{4-1}$$

$$SiF_4 + 2HF = H_2SiF_6 \tag{4-2}$$

式中，H_2SiF_6 是可溶于水的络合物。

在半导体工艺加工中的扩散窗口和引线孔等的光刻，就是利用了 SiO_2 的这一化学性质，SiO_2 在 HF 中的腐蚀速率随 HF 浓度的增加和腐蚀反应温度的增高而增大，而且还与 SiO_2 薄膜的结构和所含的杂质有关。含磷的 SiO_2 薄膜腐蚀速度快，含硼的腐蚀速度慢。另外，由于 SiO_2 薄膜的加工工艺不同，SiO_2 薄膜的质地也不同，热分解法沉积的 SiO_2 薄膜质地疏松，其腐蚀速率比热氧化生长的薄膜的速度快，所以一般都要将热分解生长的 SiO_2 薄膜进行增密处理，这样 SiO_2 薄膜的腐蚀速率会大大降低。

SiO_2 在室温附近相当宽的温度范围内性能十分稳定，而且具有很高的电阻率。一般质量良好的热生长 SiO_2 的电阻率都在 $10^{15}\Omega\cdot cm$ 以上，是一种很好的绝缘材料。SiO_2 薄膜的电阻率受其所含杂质的影响非常大，由于工艺加工过程中容易引入杂质沾污，它的电阻率一般只有 $10^7\sim10^8\Omega\cdot cm$，利用 SiO_2 的这种性质，可以加工电阻率很低的导电或半导电 SiO_2 玻璃。SiO_2 薄膜的电阻率还与环境温度有关，当温度升高时，由于 SiO_2 薄膜层内的离子迁移率的增大而使其电阻率减小。因此，在半导体工艺加工中，为了制作

绝缘性能良好的 SiO_2 薄膜，必须采取合理的清洗工艺去除硅片表面的沾污，并尽量在工艺加工过程中避免有害杂质的引入。

当 SiO_2 薄膜被用来作为器件的绝缘介质时，常用介电常数这个电参数来表示薄膜的耐压能力。SiO_2 薄膜的介电强度的大小与其结构的致密程度、均匀性及薄膜内杂质的含量等因素有关。不同工艺方法加工的 SiO_2 薄膜，其相对介电常数大小也不同。SiO_2 的密度是其致密程度的标志性参数，密度大表示 SiO_2 薄膜的致密程度好。SiO_2 薄膜的折射率也与致密程度相关，一般来讲，折射率大的 SiO_2 薄膜致密性好。

SiO_2 薄膜的作用是人们在生产实践中逐渐认识并加以利用的。1957 年，发现某些元素在 SiO_2 薄膜中的扩散速度比这些元素在硅中扩散的速度慢得多，在 1960 年，SiO_2 薄膜被用来作为晶体管选择扩散的掩蔽膜，出现了硅平面工艺，从而使半导体器件制造技术得到了一次飞跃，并且成为当今集成电路生产的主要工艺。随着人们对 SiO_2 薄膜认识的继续深化，SiO_2 薄膜在半导体器件生产上的应用也越来越广泛。首先，SiO_2 薄膜被选为杂质选择扩散的掩蔽膜。所谓掩蔽就是阻挡，通过 SiO_2 薄膜的扩散选择比（同一种物质在 SiO_2 薄膜中扩散的速度与在硅中扩散速度的比值）实现选择扩散工艺。SiO_2 薄膜作为掩蔽膜的条件，一是所选用的杂质元素在 SiO_2 薄膜中扩散的速度低于在硅中的扩散速度，二是 SiO_2 薄膜必须具有足够的厚度，从而确保杂质元素在硅中扩散到理想深度时，而 SiO_2 薄膜还远远没有被杂质元素击穿。当然 SiO_2 薄膜不能过厚，否则由于应力的作用容易产生裂纹，使 SiO_2 薄膜失去对硅表面的保护和钝化作用，同时也要考虑后续工艺的台阶要求，必须考虑电极引线和元件互连时台阶的影响。其次，SiO_2 薄膜也被用来作为器件表面的保护和钝化膜，SiO_2 薄膜的钝化效果与 SiO_2 薄膜的致密程度息息相关。针孔密度大或者离子沾污严重的 SiO_2 薄膜，不能起到钝化作用，还会导致器件的可靠性下降。因此，尽量减少 SiO_2 薄膜的针孔密度和避免离子沾污是工艺加工中必须重点关注的问题。三是 SiO_2 薄膜也被用来作为某些器件的组成部分。由于 SiO_2 具有良好的绝缘性能，所以在半导体器件的生产中，除了用来作为杂质扩散的掩蔽层、器件表面的保护层和钝化膜外，还常常用来构成器件的组成部分，如可以利用 SiO_2 薄膜作为集成电路的隔离介质，也可用来作为多层电极布线间的绝缘介质，还可作为电容器的介质材料和 MOS 场效应管中的绝缘栅极材料。

4.2　氧化技术原理

由于 SiO_2 薄膜的出现，可以使半导体工艺采用光刻和选择扩散技术，在同一硅片衬底上可以同时制作大量的管芯，使产品的加工成本大幅度下降，这使硅平面工艺相比其他工艺具有非常大的优越性。同时，由于 SiO_2 薄膜对 PN 结表面的钝化和保护作用，使 PN 结的漏电流大大减小，器件的稳定性和可靠性也得到了显著提高。实践证明，SiO_2 薄膜对器件表面的钝化作用和保护作用具有普遍的应用意义。

SiO$_2$ 薄膜的制作方法有很多种,主要针对常用的热氧化技术、热分解沉积、阴极溅射及气相钝化等方法的原理进行简要介绍。

4.2.1 热氧化技术的基本原理

在 SiO$_2$ 薄膜的加工工艺中,最常用的工艺就是热氧化工艺,如图 4-2 所示。这种方法简单来说就是在高温环境下,在氧化气氛中使硅片表面在氧化作用下生长 SiO$_2$ 薄膜。氧化气氛可以是水汽、湿氧或干氧。下面分别就这几种热氧化方式的生长机理和氧化规律进行讨论。

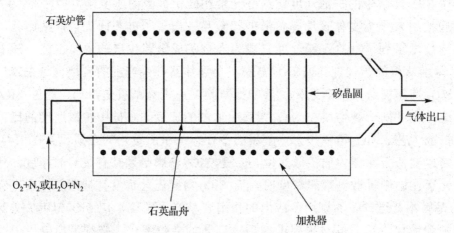

图 4-2 热氧化高温炉示意图

干氧氧化的氧化层生长,就是在高温下的氧分子与硅片表面的 Si 原子反应,生成 SiO$_2$ 起始层,化学反应式如下:

$$Si+O_2=SiO_2 \tag{4-3}$$

起始 SiO$_2$ 层生成后,由于起始层阻止了氧分子与 Si 表面的直接接触,氧分子只能通过扩散的方式通过 SiO$_2$ 层,到达 SiO$_2$ 与 Si 的界面,才能与 Si 原子发生反应生成新的 SiO$_2$ 层,使 SiO$_2$ 薄膜继续增厚。通过上述的生长机理可以知道,SiO$_2$ 的生长速率受两种因素的制约:一是氧分子在 SiO$_2$ 中的扩散速率;另一个制约因素就是 SiO$_2$-Si 界面处氧分子与 Si 原子的反应速率。干氧氧化的温度为 900℃～1200℃,为了防止外部气体带来的沾污,氧化炉内气体压力应比一个大气压略高,可以通过气体流速来控制。

干氧氧化生成的 SiO$_2$ 具有结构致密,均匀性和重复性好,掩蔽能力强,与光刻胶粘附性好等优点,并且干氧氧化生成的 SiO$_2$ 薄膜也是一种非常理想的钝化膜。目前半导体工艺加工中,为了获得高质量的 SiO$_2$ 薄膜,基本都采用干氧氧化工艺进行 SiO$_2$ 薄膜的加工,如在 MOS 晶体管中的栅氧化层就是利用干氧氧化工艺加工的。虽然干氧氧化生成的 SiO$_2$ 薄膜质量非常好,但是生长速率缓慢,所以在实际生产应用中常常与湿氧氧化工艺方法结合使用，以获得一定厚度并且表面质量好的 SiO_2 薄膜。（111）晶向硅干氧氧化层厚度与时间的关系如图 4-3 所示。

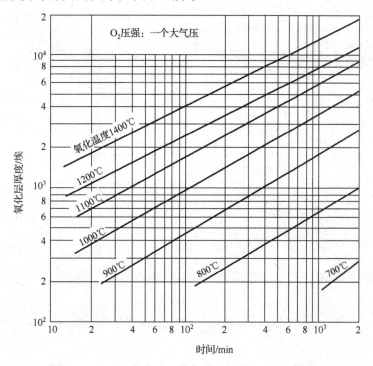

图 4-3 （111）晶向硅干氧氧化层厚度与时间关系图

4.2.2 水汽氧化

水汽氧化的氧化层生长机理是当高温水汽与 Si 衬底接触时，水分子与 Si 衬底表面的 Si 原子反应生成 SiO_2 起始层，化学反应式为

$$2H_2O+Si=SiO_2+2H_2\uparrow \qquad (4-4)$$

此后，水分子与 Si 的反应一般有两种过程：一种是水分子扩散通过已经生成的氧化层，在 SiO_2-Si 界面处与 Si 原子反应，使氧化层不断增厚；另外一种是水分子先在 SiO_2 表面反应生成硅烷醇（Si-OH），其化学反应为

$$H_2O+ Si-O- Si=2（Si-OH） \qquad (4-5)$$

生成的硅烷醇再扩散过 SiO_2 层到达 SiO_2-Si 界面处与 Si 原子反应，使 SiO_2 层增厚，其反应式为

$$2（Si-OH） + Si-Si=2（Si-O- Si）+H_2\uparrow \qquad (4-6)$$

上述两种反应过程中生成的氢气将迅速地在 SiO_2-Si 界面挥发。对于水汽氧化，无论是哪一种氧化机理，当氧化温度在 1000℃ 以上时，其氧化速率主要受水或硅烷醇在氧化层的扩散速率的限制，如图 4-4 所示。

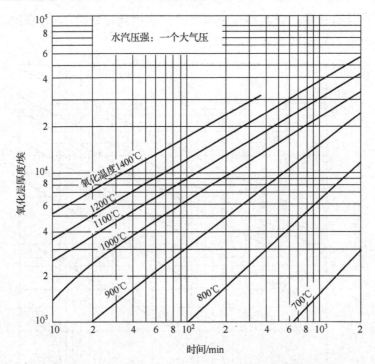

图 4-4 （111）晶向硅水汽氧化层厚度与时间的关系

4.2.3 湿氧氧化工艺原理

湿氧氧化的氧化剂是高纯水的氧气，高纯水一般被加热到 95℃左右。通过高纯水的氧气携带一定的水蒸气，所以湿氧氧化的氧化剂既含有氧，又含有水分子（水蒸气）。湿氧氧化具有较高的氧化速率，这是因为水比氧在 SiO_2 中有更高的扩散系数和大得多的溶解度。因此，SiO_2 的生长速率介于干氧和水汽氧化之间，具体的氧化速率与具体的工艺条件相关。水汽含量与水温和氧气流量有关，氧气流量越大，水温越高，则水汽的含量越大。如果水汽含量很少，SiO_2 的生长速率和质量就越接近干氧氧化的 SiO_2 质量，反之，就越接近水汽氧化的质量。在实际的生长 SiO_2 工艺中，也可以采用惰性气体携带水汽进行氧化，在这种情况下，SiO_2 的氧化作用完全是由水汽引起的。另外，也可以采用高温合成技术进行水汽氧化。在这种氧化系统中，氧化剂是由纯氢和纯氧直接反应生成水汽。利用这种工艺方法可在很宽泛的范围内改变 H_2O 的压力，并能减少环境污染。

在实际的 SiO_2 生长工艺中，需要根据工艺参数的需求选择不同的氧化工艺。一般来讲，如果需要较厚的 SiO_2 薄膜，往往采用干氧-湿氧-干氧相结合的氧化工艺。这种工艺方法一方面保证了 SiO_2 表面和 SiO_2-Si 界面质量，一方面又有效地解决了干氧氧化生长 SiO_2 薄膜速度过慢的问题。

4.2.4 三种氧化工艺方法的优缺点

干氧、湿氧和水汽氧化生长 SiO_2 薄膜都有各自的生长机理和生长规律，采用不同方法生长的 SiO_2 薄膜也具有各自不同的特点，下面对 3 种工艺方法进行归纳和总结，并简要介绍在实际生产加工中的具体应用。

生产和实验数据表明，水汽氧化生长 SiO_2 薄膜的速度最快，但生成的 SiO_2 薄膜结构疏松，表面容易产生斑点和缺陷，薄膜中水分子含量过多，对杂质（尤其是磷元素）的掩蔽能力较差。所以一般在实际的生产应用中，水汽氧化生长 SiO_2 薄膜的方法基本上已经被弃用了。

干氧氧化生长的 SiO_2 薄膜具有生长速度最慢的特点，但是干氧氧化生长的 SiO_2 薄膜结构致密、干燥，均匀性和重复性都非常好，对杂质的掩蔽能力强，钝化效果好，当干氧氧化生长的 SiO_2 薄膜表面与光刻胶接触时，光刻胶粘附性好，光刻时图形转移效果良好，湿法显影时不易浮胶，所以一般在工艺前的氧化工艺基本都采用干氧氧化的工艺。

湿氧法生长的 SiO_2 薄膜的生长速度介于前两者之间，比水汽氧化法速度慢，但是远比干氧氧化的速度要快。湿氧氧化的生长速度可以通过炉温或水浴温度进行调整，工艺参数调整的范围广，使用灵活性较大。湿氧氧化生长的 SiO_2 薄膜。致密性略差于干氧氧化的 SiO_2 薄膜，但是其掩蔽能力和钝化能力都可以满足一般器件的生产要求。但是由于湿氧氧化生长的 SiO_2 薄膜表面有硅烷醇的存在，所以不能直接将湿氧氧化生长的 SiO_2 薄膜与光刻胶直接接触，必须在湿氧氧化的 SiO_2 薄膜表面，利用干氧氧化的方法生长一层薄的 SiO_2 薄膜来增强 SiO_2 表面与光刻胶的粘附性。

综上所述，干氧工艺生长的 SiO_2 薄膜质量最好，结构致密，掩蔽性强，钝化能力高，但是生长速度较慢，生长周期长，不适合应用于大规模的生产。湿氧氧化工艺生长速度快，生长的 SiO_2 薄膜质量基本上可以满足大规模生产的需求，但是生长的 SiO_2 薄膜表面与光刻胶的粘附性不好，因此，如果仅从 SiO_2 薄膜的厚度需求来讲，湿氧氧化工艺是最适合采用的氧化工艺。但是虽然湿氧氧化的生长速度较快，采用这种工艺生长的 SiO_2 薄膜表面存在较多的位错和腐蚀坑，而干氧氧化的 SiO_2 薄膜表面位错和腐蚀坑较少，因此，一般在生产加工的氧化工艺中，采用在湿氧氧化前，先采用干氧氧化工艺生长一薄层 SiO_2 薄膜，有利于保持 Si 片表面的完整性，提高器件的表面性能。另一方面，由于湿氧生长的 SiO_2 薄膜表面存在硅烷醇（Si-OH），若在湿氧氧化后再通一段时间的干氧，可使 SiO_2 薄膜表面的硅烷醇（Si-OH）转变为硅氧烷（Si-O-Si），从而改善了 SiO_2 表面与光刻胶的接触性质，增强光刻胶与 SiO_2 薄膜表面的粘附性。因此在半导体器件生产加工的实际应用中，普遍采用干氧-湿氧-干氧交替的氧化方式，而不采用单一的氧化方式。在实际的生产过程中，就可以取长补短，充分利用两种氧化方式的特点，解决了单一氧化方式生长速率和薄膜质量之间的矛盾，使生长的 SiO_2 薄膜能更好地满足半导体器件生长的高质量、高产出比的要求。

4.3　氧化工艺的一般过程

目前，硅平面器件的氧化工艺普遍采用热生长方法。由于在器件的生长加工过程中需要进行多次氧化，而且每次的氧化工艺由于其他已完成工艺的影响都略有不同，因此，这里选择具有普遍意义的一次氧化工艺进行简要介绍。

一般来讲，一次氧化是整个半导体器件工艺加工的第一步。由于半导体衬底材料的质量对器件成品率、器件性能及器件的可靠性影响极大，因此，对将要进行半导体工艺加工的半导体衬底材料进行严格挑选，以避免加工后由于衬底的质量问题而导致的成本浪费。

目前衡量衬底质量主要从两个方面考虑。一是衬底的电学参数和结构参数的要求，如衬底材料的电阻率、层错、位错、厚度等是否达到了加工要求；二是衬底材料的表面情况，即衬底材料的表面是否平整、光亮、有无划痕等。对于衬底材料电阻率的要求，主要是根据集电极击穿电压大小的要求而决定的。考虑所加工器件其他电参数的要求，所以往往是在能满足击穿电压的情况下，衬底材料的电阻率尽量取值小一些。同时，要对衬底材料电阻率的均匀性进行要求，要求衬底的电阻率尽量均匀一致，没有杂质集聚现象存在。对于层错、位错，我们的要求是尽量少且分布均匀，因为在有缺陷存在的地方，能量相对比较集中，在进行化学腐蚀时，腐蚀速度要比其他位置相对较快，影响需要加工器件的质量和可靠性。在扩散时，杂质也是首先沿位错线集聚，使该处的扩散速度加快，这在有位错群存在的地方表现得更为明显。这种现象存在的结果就是造成 PN 结结面不平整，容易引起局部低压击穿或造成短路。对于衬底外延层厚度的选取，首先是考虑击穿电压的要求并兼顾其他指标的需要。一般击穿电压要求大的，外延层厚度应取厚一些，以免发生穿通。但是在能满足击穿电压的要求下，对外延层厚度应尽可能薄一些，因为外延层的厚度对晶体管的频率、反向饱和压降、集电极最大允许电流等都有一定的好处，特别是浅结扩散的器件更是如此。对外延层厚度的要求是希望外延层的厚度要均匀一致，不能出现局部过薄的区域，否则会使产品的成品率受到很大的影响。

对于衬底材料的整体、表面和边缘平整度的要求，主要是从光刻工艺的要求来讲的。现在使用的衬底硅片一般在成品过程中的加工需要进行抛光，抛光工艺的结果往往是硅片边缘较薄中间较厚，硅圆片衬底的尺寸越大，这种现象就越明显。而就光刻工艺而言，硅衬底边缘图像的质量往往就不如衬底中心的图像质量，虽然通过对光刻设备的调整会有一定的改善，但是从工艺加工的角度而言，应在工艺加工开始前尽量避免由于衬底材料的质量而带来的工艺偏差。至于硅衬底表面的质量，如划痕、小点等，由于它们的存在对扩散结果都是有影响的。采用扩散工艺进行半导体器件加工时，一般硅衬底表面是什么状况，所形成的 PN 结也是什么状况，表面不平，形成的 PN 结也不平。在 PN 结比较突起的位置就容易产生电击穿，造成低压击穿现象。所以一般来讲，选用扩散工艺加工的半导体器件要求硅衬底的表面光洁、平整。

氧化前硅衬底表面的状况，对氧化层质量的影响非常大。硅衬底表面的缺陷，无论是宏观缺陷（机械损伤），还是微观缺陷（位错、层错）或表面沾污，都可能称为氧化过程中微晶的成核中心，使生成的 SiO_2 薄膜疏松多孔，掩蔽能力降低。硅衬底表面沾污的有害杂质在氧化之后，有一部分扩散进入硅片体内，使少子寿命严重下降，影响器件的性能；有一部分杂质停留在氧化层内，严重影响器件的可靠性，成为器件不稳定性能的隐患。因此在进行氧化工艺前，要对硅衬底进行认真合理的清洗，保证硅衬底表面光亮平整，高度清洁的表面是非常重要的。

衬底清洗的主要目的是在不损伤衬底表面或结构的情况下，从衬底表面去除物理或者化学沾污。实现衬底清洗可采用湿法清洗、干法清洗和气相清洗等方法。各种清洗方法针对不同的清洗目标具有不同的应用效果，为了获得更有效的清洁效果，可以将各种不同的清洗方法综合使用。

半导体清洗技术的关注点随时间而改变。起初关注的是颗粒污染和金属污染物。随着微粒和金属污染的数量级逐渐减小，以及对这些污染控制的有效清洗方法的使用，现在更多关注的是有机污染和表面状态等相关问题。就清洗媒介来看，湿法清洗仍然是现代先进衬底清洗工艺的主力。就干法清洗来说，大多是用于表面清理的步骤。为了半导体清洗技术能满足不断出现的新需求，必须对现有工艺进行调整和修正。随着纵向尺寸的持续缩小，清洗操作过程中的材料损失和表面粗糙度就成为关注的新领域，将微粒去除而又没有造成材料损失和图形损伤是对清洗工艺最基本的要求。为了减小某些器件结构中的图形损失和结构损伤，气相干法清洗工艺显得越来越重要了。多年来开发的硅清洗工艺是解决其他半导体材料表面加工挑战的基础。各种新材料新结构新器件的出现必将推动半导体清洗技术的发展。

一次氧化前硅片表面的状况，对氧化层的质量影响极大。因此，在一次氧化前，对硅片进行清理就变得越来越重要。根据分析，氧化前硅衬底表面的沾污杂质主要有分子型沾污（油脂等有机沾污）、离子沾污（F^+、Na^+、K^+、Cl^-）和原子型沾污（金、银、铜、铁等原子）三种。因此，一般化学清洗的顺序就是去油→去离子→去原子。目前在半导体器件加工的工艺制造过程中常用的就是 RCA 清洗工艺，下面进行简单介绍。

清洗工艺的基本要求是去除沾污，无论是何种沾污，清洗的最终目的都是要成功地去除沾污，获得理想的清洁表面，并且要保持在进行下一步加工工艺之前的工艺表面清洁。目前，常用的清洗方法还是水溶液清洗。由于在半导体制造业中，存在许多需要水溶液清洗的场合，而且对经过水溶液清洗后的衬底表面清洁度要求也存在很大的差异，对水溶液的清洗工艺步骤要求也不尽相同。下面就一般通用的 RCA 清洗进行讨论。

清洗衬底使用的化学溶液种类很多。最流行的是 1970 年以前研发的 RCA 清洗工艺，即双氧水与氨水或盐酸、硫酸构成的水溶液混合物，这也是目前工业领域内广泛使用的清洗方法。RCA 清洗由两种不同的化学溶液组成，按照一定的顺序将被清洗的衬底浸入到溶液中，从而达到衬底清洗的目的。这两种不同的化学溶液就是目前经常使用的 1 号液和 2 号液。1 号液的化学组成是 $NH_4OH/H_2O_2/H_2O$（氢氧化铵/过氧化氢/去离子水）。2 号液的化学组成是 $HCl/H_2O_2/H_2O$（盐酸/过氧化氢/去离子水）。每个芯片制造商所使用的 RCA 溶液的配比都是不同的，根据时代的发展，配比也在不断地变化。这两种化学溶液都是以过氧化氢（H_2O_2）为基础的，一般来讲，在 75℃～85℃范围内使用，存放时间大约在 15min。

一般的 RCA 清洗工艺步骤如下。

（1）使用 0 号液（H_2SO_4/H_2O_2）浸泡：这是一种强氧化性的清洗溶液。能去除硅片表面的有机物和金属杂质。0 号液在 RCA 工艺中的不同工艺步骤使用。通常是把衬底浸入到加热的溶液中，然后用去离子水进行冲洗。

（2）去离子水冲洗：用超纯的去离子水冲洗衬底表面并进行干燥或烘干。

（3）漂洗去自然氧化层：利用 HF（氢氟酸）对硅片进行漂洗，去除自然氧化层。

（4）去离子水冲洗。

（5）浸泡 1 号液：1 号液是碱性溶液，能去除颗粒和有机物质。1 号液主要是通过氧化颗粒或电学排斥作用去除颗粒的；过氧化氢是强氧化剂，能够氧化颗粒和衬底表面，在衬底表面形成氧化层，阻止颗粒重新粘附在衬底表面。氢氧化铵的氢氧根（OH^-）可以对硅衬底表面进行轻微的腐蚀，能够从颗粒的根部进行腐蚀侵入。氢氧根也在硅衬底表面和颗粒上累积负电荷。这样通过电学效应排斥颗粒的粘附，阻止了颗粒的重新沉积。1 号液的不足是由于腐蚀的作用，造成表面粗糙度增加，这是以后将要解决的一个重要课题。

（6）去离子水冲洗：利用去离子水对 1 号液进行冲洗，将去掉的颗粒和有机物去除，进行气体干燥或者烘干。

（7）浸泡 2 号液：2 号液是酸性溶液，主要用来去除衬底表面的金属杂质。盐酸是低 PH 值的酸溶液，而过氧化氢具有强的氧化性，在这种溶液中，金属与盐酸反应，形成溶于水的反应物，过氧化氢就能从金属和有机物中俘获电子并氧化它们。电离的金属溶于溶液中，而有机杂质被分解。

（8）去离子水冲洗：冲洗杂质和酸溶液。

（9）HF 漂洗氧化层：在 RCA 清洗工艺中，许多应用都把 HF 漂洗作为最后一步，以去除硅衬底表面的自然氧化层。HF 浸泡后，硅衬底表面完全被氢原子隔离，在空气中具有很高的稳定性，避免再度氧化。氢原子终止的硅衬底表面保持着与体硅晶体相同的状态。

（10）去离子水冲洗：用去离子水反复冲洗并干燥。

衬底清洗过后可以进行一次氧化工艺。一次氧化的基本工艺设备如图 4-5 所示。

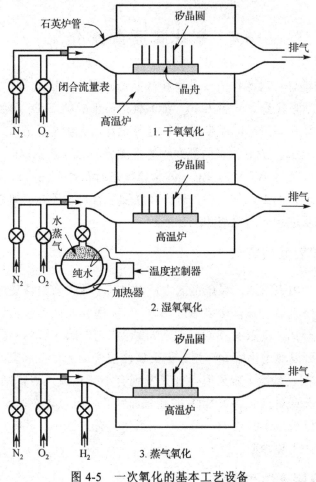

图 4-5　一次氧化的基本工艺设备

氧化的基本工艺条件如下（不同器件的氧化工艺略有不同，本书仅介绍普遍使用的工艺）：

炉温：1100℃；

水浴温度：95℃；

氧气流量：500mL/m；

具体操作步骤如下：

（1）当炉温和水浴温度合适并稳定一定时间后，先通入干氧，用干氧驱除氧化炉管内的其他气体，通气时间为 20～30min，期间监测炉温和水浴温度，并保证温度在可控误差范围内；

（2）将硅衬底置入石英舟内，推入恒温区，通入 10min 干氧；

（3）再通入 40min 湿氧；

（4）最后通 8min 干氧；

（5）时间到后，将石英舟慢慢拉出到炉管口，将氧化完成后的硅衬底取出，观察氧化层表面质量，填写工艺流程卡。

4.4 氧化膜质量评价

SiO$_2$ 薄膜的质量好坏对器件的成品率和性能影响很大，因此需对氧化后的 SiO$_2$ 薄膜必须进行必要的质量检查。一般来讲，要求氧化后形成的 SiO$_2$ 薄膜表面无斑点、裂纹、白雾、发花和针孔等问题，厚度均匀且符合设计工艺要求。在实际的工艺加工中，对 SiO$_2$ 薄膜的质量检查一般分为表面观察和厚度测量。当工艺稳定后，往往只做表面质量检查，不再对每次工艺加工后的 SiO$_2$ 薄膜厚度进行次次测量而改为抽测。但是在对 SiO$_2$ 薄膜厚度要求严格的工艺加工中，需要对厚度进行每次测量。如果器件对离子沾污等要求严格，还需要进行沾污检测和工艺监控。

4.4.1 SiO$_2$ 薄膜表面观察法

表面观察法是用肉眼或通过显微镜放大，对 SiO$_2$ 薄膜表面质量进行检验的一种简便方法。氧化层厚薄是否一致，可以通过观察 SiO$_2$ 薄膜表面的颜色进行判别。如果氧化层表面颜色均匀一致，则表明 SiO$_2$ 薄膜厚度也均匀一致，否则相反。氧化层表面有无白雾和裂纹，也可以通过肉眼看清楚。至于氧化层表面的针孔和斑点，则须借助显微镜放大才能发现。在显微镜下观察时，如果发现有小亮点或黑点，则可以表明在 SiO$_2$ 薄膜的表面存在针孔或斑点。如果 SiO$_2$ 薄膜表面针孔、斑点较多，或者有裂纹和白雾，就会给器件的可靠性造成不良影响。因此，在氧化工艺过程中，要针对各种缺陷产生的原因而设法避免引入上述缺陷。

4.4.2 SiO$_2$ 薄膜厚度的测量

SiO$_2$ 薄膜厚度是 SiO$_2$ 薄膜工艺的主要参数指标，是生产加工过程中需要密切关注的质量参数。目前在生产中，测量 SiO$_2$ 薄膜厚度比较常用的有干涉法和辨色法。下面针对这两种方法进行简单介绍。

（1）双光干涉法

利用测定 SiO$_2$ 薄膜台阶上的干涉条纹数，从而求得 SiO$_2$ 薄膜氧化层厚度的双光干涉法，是目前测定 SiO$_2$ 薄膜厚度比较常用的简便、低成本的测定方法。这种方法的优点是设备简单，只需一台单色光源和一台普通的干涉显微镜，操作简单方便。双光干涉法测量装置如图 4-6 所示。

采用这种方法，首先要在 SiO$_2$ 薄膜上制备氧化层台阶，氧化层台阶的制备方法如下：取与正式片一起加工的测试陪片，遮挡住不需要腐蚀的部分，将陪片没有遮挡部分腐蚀掉，这样在硅片表面形成 SiO$_2$ 台阶。为了使在干涉显微镜下测量的效果好、数据精确，需要将氧化层的台阶腐蚀得相对宽一些，这样显示出来的干涉条纹粗而且清晰，比较容易读测。

干涉条纹的测量原理如图 4-7 所示，当用单色光垂直照射 SiO$_2$ 薄膜表面时，由于

SiO_2 是透明介质,所以入射光将分别在 SiO_2 表面和 SiO_2-Si 界面处反射形成干涉条纹。根据光的干涉原理,当两束相干光的光程差为半波长的偶数倍或者奇数倍时,两束相干光的相位相同或相反,因此在厚度连续变化的 SiO_2 台阶上将会形成明暗相间的条纹。根据相应的光学原理,可以计算出 SiO_2 薄膜的厚度,相关的公式和计算,查阅资料即可获得。

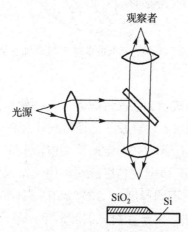

图 4-6 双光干涉法测量装置

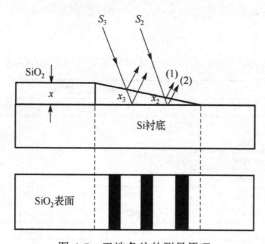

图 4-7 干涉条纹的测量原理

一般来讲,在干涉显微镜能够观察到的干涉条纹都是如图 4-8 所示的干涉图,可以采用下面的公式进行计算,即可以获得相应的 SiO_2 薄膜的厚度。

$$X=m\lambda/2n \qquad\qquad (4\text{-}7)$$

式中 X——SiO_2 薄膜的厚度;

m——干涉条纹数;

λ——干涉单色光波长;

n——SiO_2 折射率。

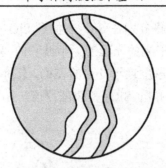

图 4-8 具有半个干涉条纹的显微镜视场图

（2）辨色法（比色法）

在实际的生产加工中，当进行工艺改进或者工艺条件不稳定时，需要经常对 SiO_2 薄膜的厚度进行测量。当工艺稳定后，一般不再经常进行 SiO_2 薄膜的厚度测量,而是采用辨色法进行 SiO_2 薄膜厚度的粗略估计，在一定的周期内，对 SiO_2 薄膜的厚度进行抽测即可，这样既可以节省大部分的时间，并且在实际应用中的反馈也可以看出效果很好。

所谓的辨色法，就是利用不同厚度的 SiO_2 氧化层具有不同的干涉色彩的特性，判定氧化层厚度的一种估计方法。由于在白光的照射下，不同厚度的 SiO_2 薄膜表面呈现出不同的干涉色彩，因此只要在氧化后，用眼睛观察硅片表面的颜色，就可以利用 SiO_2 氧化层厚度与干涉色彩关系的对照表 4-2，十分简便而快捷地估计所加工的 SiO_2 薄膜的厚度。

表 4-2　白光下 SiO_2 氧化层厚度与干涉色彩的关系

颜　　色	氧化层厚度/埃			
	第 一 周 期	第 二 周 期	第 三 周 期	第 四 周 期
灰色	100			
黄褐色	300			
棕色	500			
蓝色	800			
紫色	1000	2750	4650	6500
深蓝色	1500	3000	4900	6800
绿色	1850	3300	5200	7200
黄色	2100	3700	5600	7500
橙色	2250	4000	600	
红色	2500	4350	6250	

在采用辨色法进行 SiO_2 薄膜厚度的估算时，必须注意两个问题。一是氧化层的干涉色彩随着观察者的视角不同而变化，表中所获得的色彩是照明光垂直于硅片表面时所观察到的颜色，因此在使用辨色法时也应如此观察；二是，要注意 SiO_2 薄膜厚度不同所获得的干涉色彩是呈现周期性变化的。因此，当使用辨色法时，首先必须确定所得 SiO_2 薄膜厚度应该属于第几周期，然后在该周期内估算 SiO_2 薄膜的厚度。

4.5 热氧化过程中存在的一般问题分析

在热氧化工艺过程中，比较常见的质量问题有 SiO_2 薄膜的厚度不均匀，氧化层表面有斑点、发花、针孔等，这些现象的存在对器件的成品率和性能有很大的影响。作为工艺工程师而言，了解问题、钻研问题并提出有效的解决方法，是体现工艺工程师能力的具体表现。

4.5.1 氧化层厚度不均匀

SiO_2 薄膜厚度不均匀的主要原因是氧化反应时，氧气或水蒸气的气压不均匀，此外，氧化炉管的温度不稳定，恒温区太短，水温变化或者硅衬底表面状态都可能造成 SiO_2 氧化层厚度的不均匀。氧化层厚度的不均匀不仅会造成 SiO_2 薄膜对扩散杂质的掩蔽作用和绝缘性能降低，而且在进行光刻工艺时容易造成钻蚀。为了得到厚薄均匀的氧化层，除了要求氧化炉恒温区较长外，操作时应注意氧化硅衬底确保在恒温区内，并严格检测炉温和水浴温度并记录，关注并检测气体流量和气体流动情况，确保反应室内石英舟周围的蒸汽压尽量保持一致。

4.5.2 氧化层表面的斑点

造成 SiO_2 薄膜表面出现斑点的常见原因主要有以下几点。

（1）氧化前硅衬底表面清洁不彻底，残留的杂质颗粒在进行高温氧化时碳化并粘附在硅表面从而形成颗粒，这种问题的解决办法就是要对氧化前的硅衬底表面进行彻底认真的清洗。

（2）长期处于高温工作状态的氧化炉管，其管壁会因浸蚀作用而产生白色薄膜，如果这些薄膜微粒掉落在硅衬底表面，则可形成 SiO_2 薄膜氧化层的凸起。解决这个问题的办法就是要定期对氧化炉管进行彻底的清洁清洗。

（3）由于石英炉管进气端伸在炉外部分太长，这样可能会造成水蒸气在管口凝聚成水滴，水滴有可能飞溅在硅衬底的表面，这种现象会造成硅衬底氧化后表面出现花斑。这种问题的解决办法就是避免含有水滴的氧气直接吹到硅衬底上，硅衬底在清洗后应确保吹干。如果在氧化层有花斑的出现，会造成器件的可靠性降低，而且由于某些大的斑点会对接触式曝光时的光刻版与衬底的接触造成不良影响，因此在工艺加工中，要确保避免花斑现象的出现。

4.5.3 氧化层的针孔

当硅衬底存在位错和层错时，由于位错和层错存在的地方容易引起杂质集聚，使该处不能很好地生长氧化层，从而形成氧化层上的针孔。如果硅衬底的位错和层错密度过高，则氧化层上的针孔也会较多。这些针孔用肉眼不易发现，但它能使扩散杂质在针孔处穿透，使 SiO_2 薄膜的掩蔽作用失效，增加漏电流，耐压能力降低，使器件的性能变差甚至失效。为了消除针孔，要求对使用的硅衬底的位错和层错密度不能过高，硅片表面光洁。在工艺开始前对硅片进行彻底的清洁清理，避免有害杂质（金、银、铜、铁等）吸附在硅衬底的表面而形成针孔。

4.5.4　SiO_2 氧化层中的钠离子污染

多年的实践经验表明，氧化层中存在的钠离子是造成器件性能不稳定的重要原因之一。氧化层中的钠离子沾污，一般认为其来源有三种：第一种是清洗用化学试剂、去离子水和生产用具、操作者的汗液及呼出的气体等；第二种是在加工过程中由于设备本身所带来的钠离子沾污；第三种是由于使用的氧化扩散炉管中所包含的钠离子在高温工艺过程中，对硅衬底造成的钠离子沾污。实际上，钠离子、钾离子等都会对氧化层造成沾污，由于目前工艺设备的进步和工艺措施的改进，这种污染已经得到了有效的控制。

本 章 小 结

本章主要对硅衬底半导体工艺常见的薄膜工艺——氧化工艺，进行了详细的介绍，对二氧化硅（SiO_2）薄膜的基本性质、常用的工艺加工方法、工艺加工的基本过程及加工后对氧化膜质量的评价方法和手段进行了详细说明，同时还对热氧化工艺中存在的一般工艺问题进行了简要的分析。通过本章的学习，可以对氧化工艺有初步了解，并能对工艺中出现的问题做出初步的质量分析判断。

习　题

1. 应用最广泛的氧化工艺是哪一种工艺？
2. 在半导体器件的生长中，Si_2O 薄膜的生长方法主要有哪几种？
3. 热生长 Si_2O 薄膜的优点和缺点都有哪些？
4. 热分解沉积的 Si_2O 薄膜最大的缺点是什么？
5. 阴极溅射生长的 Si_2O 薄膜主要应用在哪些方面？为什么？
6. HF-HNO_3 气相钝化生长的 Si_2O 薄膜与阴极溅射法相比有哪些优缺点？
7. 外延工艺生长的 Si_2O 薄膜具有哪些特点？
8. 在半导体工艺加工中的扩散窗口和引线孔等的光刻，利用了 SiO_2 的哪一种化学性质？
9. 在半导体工艺加工中，为了制作绝缘性能良好的 SiO_2 薄膜，必须采取哪些措施？
10. SiO_2 薄膜的介电强度的大小与薄膜的哪些性质有关系？
11. 干氧氧化生长的 SiO_2 薄膜与其他工艺生长的薄膜相比较具有哪些特点？

12．一般认为水汽氧化有哪两种过程？

13．三种常见的热氧化工艺的优缺点是什么？

14．清洗工艺中 0、1、2 号液的作用分别是什么？

15．氧化后的 SiO_2 薄膜的质量要求是什么？

16．常见的 SiO_2 薄膜的质量评价方法有几种？

17．导致 SiO_2 薄膜的厚度不均匀的主要原因是什么？

18．SiO_2 薄膜的表面出现斑点的原因是什么？

19．如何避免氧化过程中的钠离子污染？

第5章 溅射技术

学习目标

通过本章的学习，将主要了解：

（1）溅射工艺的基本原理；

（2）溅射工艺的主要应用；

（3）离子溅射的主要影响因素；

（4）溅射镀膜工艺的基本原理及发展过程；

（5）相关溅射设备的基本原理。

溅射工艺是半导体中成膜工艺中比较常用的工艺。溅射工艺是以一定能量的粒子（离子、分子或中性原子）轰击固体表面，使固体近表面的原子或分子获得足够大的能量，从而最终逸出固体表面的一种半导体工艺。溅射工艺主要用于溅射刻蚀和薄膜沉积两个方面。在本书中主要关注的是溅射成膜部分，溅射刻蚀部分仅做简要介绍。

5.1 离子溅射的基本原理

5.1.1 溅射现象

溅射是依靠等离子体提供的能量实现的。用带有几十电子伏特以上动能的粒子或粒子束照射固体表面，靠近固体表面的原子会获得入射粒子所带能量的一部分而在真空中逸出，这种现象称为溅射。在真空室内才能实现溅射。将靶材料在真空室内构成产生等离子体的一个电极，另一个电极上放置硅片。在真空室内通入氩气等惰性气体，通过射频源使惰性气体离子化，在真空室内产生等离子体。离子被电场加速，以很高的能量撞击靶材料表面，将靶材料表面的原子撞击并从电极脱离逸出而沉积在硅衬底的表面，如图 5-1 所示。原子离开靶表面需要的能量是通过离子的动能提供的，因此，溅射工艺所需要的温度比较低，工艺兼容性比较好。

溅射产生的过程简单表述如下：当入射离子在进入靶材料的过程中，与靶材料的原子发生弹性碰撞，入射离子的一部分动能会转移给靶材原子，当后者的动能超过其周围存在的其他靶材原子所形成的势垒时，这种原子会从晶格点阵点碰出，也就是所说的逸出而产生离位原子，离位原子进一步与附近的原子依次反复碰撞，产生所谓的碰撞级联。当这种碰撞级联到达靶材料表面时，如果靠近靶材表面的原子的动能远远超过靶材的表面结合能，这样靶材原子就会从靶材表面逃逸出来并进入真空中。当靶材逃逸出来的原子运动到衬底晶片表面时，就会吸附在衬底表面，从而形成所需要的薄膜。

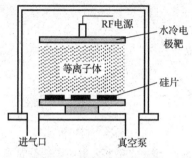

图 5-1　溅射基本原理图

就溅射镀膜和离子镀而言，入射到阴极靶材表面的离子和高能原子可能产生如下作用：

（1）溅射出阴极靶材原子；

（2）产生二次电子；

（3）溅射掉表面沾污，即溅射清洗；

（4）离子被原子中和并以高能中性原子或以金属原子的形式从阴极表面反射；

（5）进入阴极表面并改变表面性能。

溅射出的靶材表面原子可能会出现以下情况：

（1）被散射回阴极（靶材表面）；

（2）被电子碰撞电离或被亚稳态原子碰撞电离，产生的离子加速返回到阴极，或产生溅射作用或在阴极区损失掉；

（3）以荷能中性粒子的形式沉积到衬底或其他某些部位，即溅射镀膜的过程。

综上所述，溅射现象涉及极为复杂的散射过程和种种不同的能量传递机制。对于单原子靶材来说，在几十到几百电子伏特的能量范围内，即对所谓的线性溅射来说，进行相当精确的理论描述是可能的。

5.1.2　溅射产额及其影响因素

溅射产额是离子溅射最重要的参数，在溅射工艺中，在表面分析、制取薄膜和表面微细加工等方面，溅射产额都是一个非常重要的可提供工艺分析的参数。

（1）溅射产额和入射离子能量的关系

图 5-2 所示为溅射产额和入射离子能量的关系。由图可以看出：在溅射工艺过程中，存在着一定的溅射阈值。当离子的能量低于溅射阈值时，溅射现象不会发生。对于大多数金属来说，溅射阈值在 $20\sim40\text{eV}$ 范围内，如表 5-1 所示。

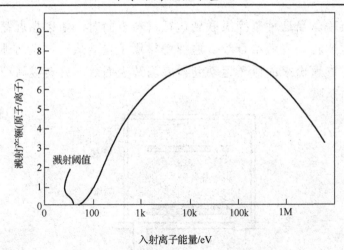

图 5-2　溅射产额和入射离子能量的关系

表 5-1　溅射阈值能量（eV）

	Ne	Ar	Kr	Xe	Hg	升华热
Be	12	15	15	15	—	—
Al	13	13	15	18	18	—
Ti	22	20	17	18	25	4.40
V	21	23	25	28	25	5.28
Cr	22	22	18	20	23	4.03
Fe	22	20	25	23	25	4.12
Co	20	25（6）	22	22	—	4.40
Ni	23	21	25	20	—	4.41
Cu	17	17	16	15	20	3.53
Ge	23	25	22	18	25	4.07
Zr	23	22（7）	18	25	30	6.14
Nb	27	25	26	32		7.71
Mo	24	24	28	27	32	6.15
Rh	25	24	25	25	—	5.98
Pd	20	20	20	15	20	4.08
Ag	12	15（4）	15	17	—	3.35
Ta	25	26（13）	30	30	30	8.02
W	35	33（13）	30	30	30	8.80
Re	35	35	25	30	35	—
Pt	27	25	22	22	25	5.60
Au	20	20	20	18	—	3.90
Th	20	24	25	25	—	7.07
U	20	23	25	22	27	9.57
Ir		（8）				5.22

①是 Stuart，Wehner 的测定值，（ ）是 Morgulis，Tischenko 的测量值。

在离子能量超过溅射阈值后，随着离子能量的增大，在 150eV 以前，溅射产额和离子能量的平方呈正比；在 150～1keV 范围内，溅射产额和离子能量呈正比；在 1～10keV 范围内，溅射产额变化不显著；能量继续增大，溅射产额却显示出下降的趋势。

溅射产额可以根据一些半经验公式来进行计算。在实际的生产实践中，溅射产额的测定可以利用微天平法或测量被剥离部分的容积法。不过，按照测量方法、测量条件的不同，所得产额值的大小有很大的差异，相差几倍也是客观存在的。因此，在使用各种不同的实验值时，也要利用半经验公式和具体的实验值来进行综合评估采样，才能得到较为准确的溅射产额。

（2）各种元素的溅射产额

溅射产额根据不同入射离子和靶材的不同而各有差异。表 5-2 所示为对于不同能量的 Ne^+、Ar^+ 离子，不同物质的溅射产额。

图 5-3 所示为溅射产额与靶材原子序数的关系图，是相对于 400eV 的几种入射离子，各种物质溅射产额随原子序数变化的关系。图中数据的测量方法近似地认为靶电流就是入射离子流。从图中可以看出，溅射产额随靶材原子序数的变化表现出某种周期性。随靶材原子 d 壳层电子填满程度的增加，溅射产额变大。

表 5-2　各种元素的溅射产额

靶	Ne^+				Ar^+			
	100eV	200eV	300eV	600eV	100eV	200eV	300eV	600eV
Be	0.012	0.10	0.26	0.56	0.074	0.18	0.29	0.80
Al	0.031	0.24	0.43	0.83	0.11	0.35	0.65	1.24
Si	0.034	0.13	0.25	0.54	0.07	0.18	0.31	0.53
Ti	0.08	0.22	0.30	045	0.081	0.22	0.33	0.58
V	0.06	0.17	0.36	0.55	0.11	0.31	0.41	0.70
Cr	0.18	0.49	0.73	1.05	0.30	0.67	0.87	1.30
Fe	0.18	0.68	0.62	0.97	0.20	053	0.76	1.26
Co	0.084	0.41	0.64	0.99	0.15	0.57	0.51	1.36
Ni	0.22	0.46	0.65	1.34	0.28	0.66	0.95	1.52
Cu	0.26	0.84	1.20	2.00	0.48	1.10	1.59	2.30
Ge	0.12	0.32	0.48	0.82	0.22	0.50	0.74	1.22
Zr	0.054	0.17	0.27	0.42	0.12	0.28	0.41	0.75
Nb	0.051	0.16	0.23	0.42	0.068	0.25	0.40	0.65
Mo	0.10	0.24	0.34	0.54	0.13	0.40	0.58	0.93
Ru	0.078	0.26	0.38	0.67	0.14	0.41	0.68	1.30
Rh	0.081	0.36	0.52	0.77	0.19	0.55	0.86	1.46
Pd	0.14	0.59	0.82	1.32	0.42	1.00	1.41	2.39
Ag	0.27	1.00	1.30	1.98	0.63	1.58	2.20	3.40
Hf	0.057	0.15	0.22	0.39	0.16	0.35	0.48	0.83
Ta	0.056	0.13	0.18	0.30	0.10	0.28	0.41	0.62

续表

靶	Ne+				Ar+			
	100eV	200eV	300eV	600eV	100eV	200eV	300eV	600eV
W	0.038	0.13	0.18	0.32	0.068	0.29	0.40	0.62
Re	0.04	0.15	0.24	0.42	0.10	0.37	0.56	0.91
Os	0.032	0.16	0.24	0.41	0.057	0.36	0.56	0.95
Ir	0.069	0.21	0.30	0.46	0.12	0.43	0.70	1.17
Pt	0.12	0.31	0.44	0.70	0.20	0.63	0.95	1.56
Au	0.20	0.56	0.84	1.18	0.32	1.07	1.65	2.43 (500)
Tb	0.028	0.11	0.17	0.36	0.097	0.27	0.42	0.66
U	0.063	0.20	0.30	0.52	0.14	0.35	0.59	0.97

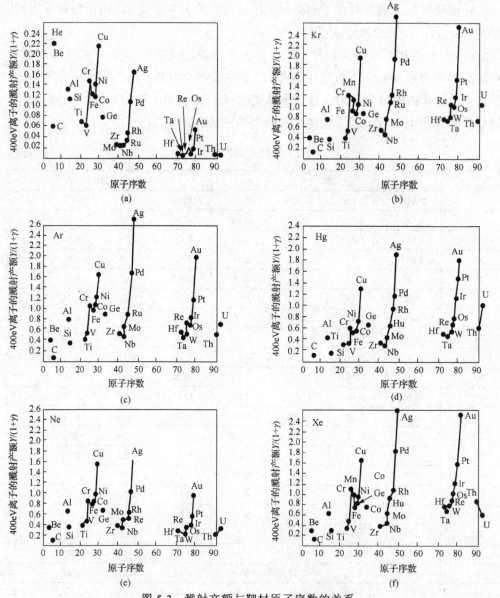

图 5-3　溅射产额与靶材原子序数的关系

图 5-4 所示为相对于 45eV 的各种入射离子，银、铜、钽的溅射产额。从图中可以看出，相对于 Ne、Ar、Kr、Xe 等惰性气体，溅射产额出现峰值。在通常使用的溅射工艺中，从经济成本角度考虑，多使用氩离子溅射。

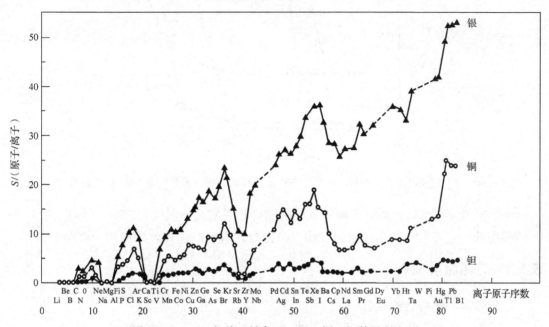

图 5-4 45keV 各种入射离子，银、铜、钽的溅射产额

（3）溅射产额和入射角的关系

对于相同的靶材和入射离子的组合，随着离子入射角的不同，溅射产额各异。一般经验而言，斜入射比垂直入射的溅射产额大。根据实际经验，入射角从零度增大到约 60°，溅射产额单调递增，而在 70°～80° 时，溅射产额达到最高值，在入射角为 90° 时，溅射产额为零。如图 5-5 所示。

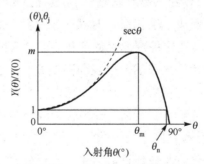

图 5-5 溅射产额与入射角具有代表性的关系曲线

（4）溅射产额与温度的关系

关于溅射产额与温度的关系及对样片表面沾污的影响，公开发表的研究成果并不多见。图 5-6 所示为用 Xe^+ 离子（45keV）对几种样品进行轰击时，溅射产额和温度关系的实验结果。

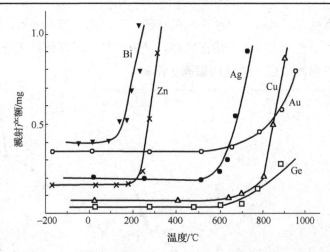

图 5-6　用 Xe$^+$离子（45keV）对几种样品进行轰击时，溅射产额和温度的关系

一般来说，在可认为溅射产额和升华能密切相关的某一温度范围内，溅射产额几乎不随温度的变化而变化，当温度超过这一范围时，溅射产额有急剧增加的倾向。

5.1.3　选择溅射现象

（1）合金、化合物的溅射

对于合金、化合物溅射，与其各种构成原子组成的单原子固体溅射对比，显示出极大的差异。首先，单原子固体变为多原子固体后，同一构成原子的溅射产额总要发生显著的变化。在结合状态发生很大变化的氧化物等中，可以很明显地看到这种变化。再者，在对多原子固体的溅射中，由于构成固体的元素彼此之间的溅射产额不同，被溅射后，固体表面的组分和溅射前的组分相比而发生了变化，这就是所谓的选择溅射。下面以氧化物和合金材料为例，简要介绍选择溅射。

金属原子形成氧化物后，伴随其结合状态的变化，溅射产额也会显示出明显的变化。按照通常的想法，由于表面形成了氧化膜，对溅射来说会起到一种表面保护膜的作用，然而通过实验分析，并没有出现这种规律性的变化。但是有的实验结果表明，如果观察被溅射的表面形貌，会发现有氧化膜的部位表面凹凸会小一些。

合金的选择溅射，按照早期的观点，对合金靶进行溅射时，能得到与靶的化学成分基本相同的溅射膜层，但是当靶的温度高，各种合金成分由于热扩散发生变化，或衬底温度高引起再蒸发时，溅射膜和靶原来的组分相比就会出现变化。对合金靶进行溅射时，靶表面的成分会不断发生变化。但是到目前为止，已经公开发表的许多合金、化合物选择溅射的研究成果，很难用完全统一的标准对这些实验结果进行评价。

（2）选择溅射的溅射机制

合金和化合物样品在溅射过程中，其表面区域会发生碰撞级联，溅射过程应主要受下述两个因素支配：

① 各个构成原子是如何获得动能的？

② 这些原子中到底哪个会获得比表面结合能大的动能而从表面逸出?

由以上两个因素所支配的选择溅射,一般具有如下一些倾向:当构成化合物或合金的原子的质量比(不同原子的原子量之比)与 1 的差别很大,即构成化合物或合金的原子的原子量差异比较大时,则质量较小的原子更容易被溅射;在质量差别不大的情况下,升华能小的原子更容易被溅射;另外,在某些合金和化合物中,升华能对选择溅射的影响更显著,质量比不是决定选择溅射的决定因素。

5.1.4 溅射镀膜工艺

溅射镀膜的原理、发展过程及分类介绍如下。

溅射镀膜指的是在真空室中利用荷能离子轰击靶材表面,使被轰击出的离子在衬底上沉积的工艺技术,实际上是利用溅射现象得到制取各种薄膜的目的。

溅射所用的离子可以由特制的离子源产生,这称为离子束溅射。一般来说,离子源较为复杂且昂贵。因此,只用于分析技术和制取特殊的薄膜时才采用离子束溅射。通常溅射镀膜是利用低压惰性气体辉光放电来产生离子的。阴极靶用镀膜材料制成,在阴极施加射频电压,从而使靶在射频电压的作用下产生辉光放电。产生的氩离子轰击靶表面,并使溅射出的靶原子沉积在衬底表面。

从溅射现象的发现到离子溅射在镀膜技术的应用,期间经历了一个漫长的发展过程。1853 年,法拉第在进行气体放电实验时发现了这个现象,但是由于对这种现象的成因不了解而把溅射现象作为有害现象而在试验中进行防止。1902 年,Goldstein 第一次实现了人工离子束溅射实验。20 世纪 60 年代初,贝尔实验室和西电公司利用溅射法制取集成电路的钽膜,从而开始了溅射工艺在工业上的应用。1965 年 IBM 公司研究发明了射频溅射,实现了绝缘体的溅射镀膜,从此溅射工艺引起了各方面的重视和研究。1974 年,J.Chapin 发表了关于平面磁控溅射装置的研究成果,使高速、低温溅射镀膜成为现实。由于这种装置日臻完善和普及,使溅射镀膜以崭新的面貌出现在技术和工业领域。现在可以毫不夸张地说:在任何物质的表面都可以用溅射法镀制任何物质的薄膜。

表 5-3 所示为各种溅射镀膜的特点及分类。根据沉积的结构、沉积的相对位置及溅射镀膜的过程的不同,可以分为二极溅射、三极溅射、磁控溅射、对向靶溅射、离子束溅射、吸气溅射等。如果按照溅射方式的不同,又可分为直流溅射、射频溅射、偏压溅射和反应溅射等。

表 5-3 各种溅射镀膜方法原理参数及原理示意图

序号	溅射方式	溅 射 电 源	氧气压力/Pa	特 征	原 理 图
1	二极溅射	DC 1～7kV 0.15～1.5mA/cm² RF 0.3～10kW 1～10W/cm²	～1.3	构造简单,在大面积的基板上可以制取均匀的薄膜,放电电流随压力和电压的变化而变化	

序号	溅射方式	溅射电源	氧气压力/Pa	特　征	原　理　图
2	三极或四极溅射	DC 0～2kV RF 0～1kW	6×10^{-2}～1×10^{-1}	可实现低气压，低电压溅射，放电电流和轰击靶的离子能量可独立调节控制，可自动控制靶的电流，也可进行射频溅射	
3	磁控溅射（高速低温溅射）	0.2～1kV （高速低温） 3～30W/cm²	10^{-2}～10^{-1}	在与靶表面平行的方向上施加磁场，利用电场和磁场相互垂直的磁管原理减少了电子对基板的轰击（降低基板温度），使高速溅射成为可能	
4	对向靶溅射	DC RF	10^{-2}～10^{-1}	两个靶对向放置，在垂直于靶的表面方向加上磁场，可以对磁性材料进行高速低温溅射	
5	射频溅射（RF溅射）	FR 0.3～10kW 0～2kV	～1.3	开始是为了制取绝缘体如石英、玻璃、Al₂O₃ 的薄膜而研制的，也可溅射镀制金属膜	
6	偏压溅射	在基板上施加 0～500V 范围内的相对于阳极的正的或负的电位	～1.3	在镀膜过程中同时清除基板上轻质量的带电粒子，从而能降低基板中杂质气体（例如，H₂O₂、N₂ 等残留气体等）的含量	
7	非对称交流溅射	AC 1～5kV 0.1～2mA/cm²	～1.3	在振幅大的半周期内对靶进行溅射，在振幅小的半周期内对基板进行离子轰击，去除吸附的气体，从而获得高纯度的镀膜	
8	离子束溅射	DC	～10^{-3}	在高真空下，利用离子束溅射镀膜，是非等离子体状态下的成膜过程，靶接地电位也可	
9	吸气溅射	DC 1～7kV 0.15～1.5MA/cm² RF 0.3～10kW 1～10W/cm²	～1.3	利用活性溅射粒子的吸气作用，除去杂质气体，能获得纯度高的薄膜	
10	反应溅射		在 Ar 中混入适量的活性气体，如 N₂、O₂ 等分别制取 TiN、Al₂O₃	制作阴极物质的化合物薄膜，例如，如果阴极（靶）是钛，可以制作 TiN，TiC	从原理上讲，上述各种方案都可以进行反应溅射，当然 1、9 两种方案一般不用于反应溅射

5.2　溅射工艺设备

溅射工艺最早用来沉积薄膜。当真空技术成熟以后，溅射工艺就大量地被真空镀膜技术所取代。因为后者沉积薄膜的速度较快，更适合大规模工业生产。但是，有许多材料无法利用真空镀膜技术进行加工，如钛、铂、金、钼、钴、镍和钨等。因此，在 IC 工艺加工中，溅射工艺还是被大量应用于工艺加工。溅射工艺是以离子加速，经过一个电位梯度，以离子去轰击靶材。靶材表面的离子逸出到衬底表面从而形成薄膜功能层。只考虑溅射在半导体加工工艺方面的应用，其他诸如抗磨损、表面装饰等在此不仔细研究，仅了解即可。但是不管是 IC 应用还是其他的一些应用，这些工艺的共同特征是要求薄膜具有良好的抗腐蚀能力和附着力。而且衬底通常是不规则形状，这些特征正是溅射工艺的特点。

溅射工艺的特点如下。

（1）溅射产额：溅射工艺的沉积速率随着靶材材料的不同而不同；

（2）可以溅射复杂材料的薄膜；

（3）可以进行精确的膜厚控制，重复性好、均匀性好，薄膜附着力强；

（4）可以使用大面积靶材。

溅射工艺的缺点也很明显，具体如下。

（1）溅射沉积速率相比真空镀膜沉积速率慢；

（2）成本较高；

（3）不易制作不规则形状的覆盖；

（4）薄膜的成分不易改变，除非更换靶材。

作为溅射用的惰性气体，一般使用氩气（Ar），因为它的溅射效率高于氦气或氖气，与氪气或氙气相比，虽然溅射效率略低，但是成本也低很多。溅射工艺使用的靶材形状大多为了配合合适的电子源，靶的形状可以是平面长方形、圆形、圆柱形、圆锥形或半球形。其中最常用的是平面或圆柱形。溅射靶必须满足以下 3 个条件：成分均匀；强度高，使用中不会破裂；纯度高。在溅射工艺过程中，工艺腔室中需要抽真空，因为空气会对大多数材料降低溅射速率。如工作气压太高，被溅射出的原子的平均自由程短，原子重新汇到靶表面的概率会大大增加。在进行多层材料溅射时，需要使用不同材料的靶，并且按照顺序使用。在工艺加工中仍然需要进行抽真空，以去除氧和水蒸气。溅射工艺有时会使用反应性气体，如氧和氮，用以控制沉积薄膜的特性。

溅射工艺示意图如图 5-7 所示，包括溅射和沉积两个主要过程。溅射工艺和电子束蒸发相比，具有较好的台阶覆盖能力，因为溅射的靶源面积远大于蒸发系统靶材的面积。

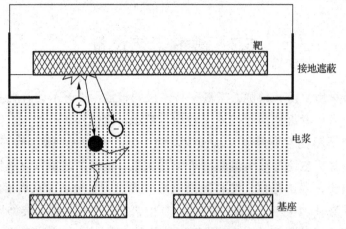

图 5-7　溅射工艺示意图

5.2.1　直流溅射台

溅射台大致可以分为直流二极式、直流三极式、射频二极式、射频三极式、直流磁电式和射频磁电式等几种类型。

（1）直流二极式

这种溅射台的典型结构为以靶材为阴极，以承片台（衬底）为阳极，如图 5-8 和图 5-9所示。

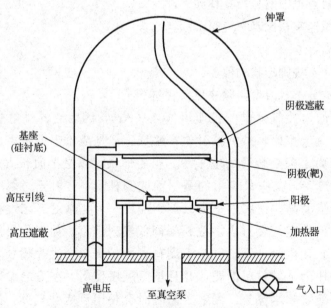

图 5-8　二极溅射设备示意图

将 1000～5000V 的电压施加于阴极，反应室真空为 10mTorr，反应气体采用氩气，在高压真空作用下，氩原子（Ar）被电离成氩离子（Ar^+），在这种情况下的工艺参数主要考虑离子密度、残余气体压力、衬底和阴极的温度等。

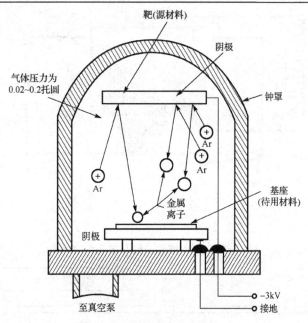

图 5-9　低压溅射台示意图

平面二极式溅射台的优点是构造简单，可以沉积多种成分的薄膜，薄膜附着力好，可以沉积单晶薄膜。在比较大的平面区域内沉积的薄膜厚度均匀。它的缺点是靶材必须是片状的，沉积速率较低，一般低于 200Å/min，因为电离产生的离子数目有限，衬底基座必须冷却，因此直流二极式溅射台比较适合低速率沉积。直流二极溅射系统如图 5-10 和图 5-11 所示。

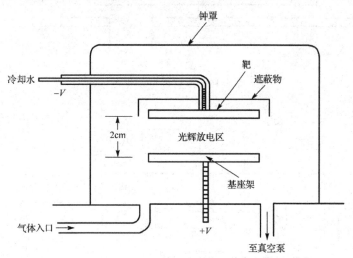

图 5-10　直流二极溅射系统示意图

二极式溅射台，电压一般为 1～5000V，电流密度为 1～10MA/cm^2，电极直径为 5～50cm。直流电源的功率可以达到 20kW，射频只可达到 3kW。直流沉积的速率比较快。可以使用冷冻泵以提高工艺腔室的真空度，从而提高溅射效率。溅射腔室示意图如图 5-12 所示。溅射系统外围设备示意图如图 5-13 所示。

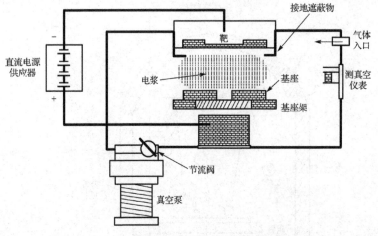

图 5-11　直流二极溅射系统

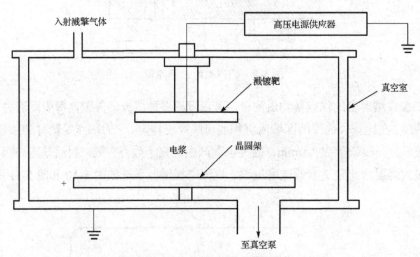

图 5-12　溅射腔室示意图

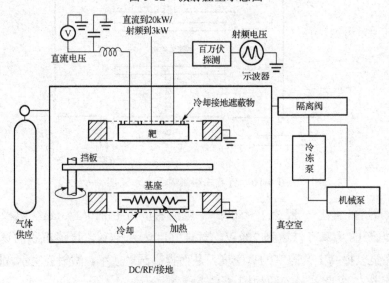

图 5-13　溅射系统外围设备示意图

（2）直流三极式

　　在直流二极式溅射台上增加一个电子源，即为直流三极式溅射台，如图 5-14 所示。在反应腔体内抽真空通入氩气，灯丝加热，电子源发射电子，再加速撞击阳极，使氩气游离。直流三极式溅射台的工艺参数可以单独控制，所以可以得到比直流二极式溅射台更好的薄膜特性。

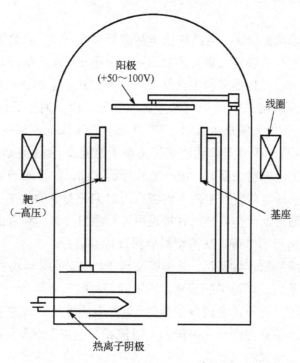

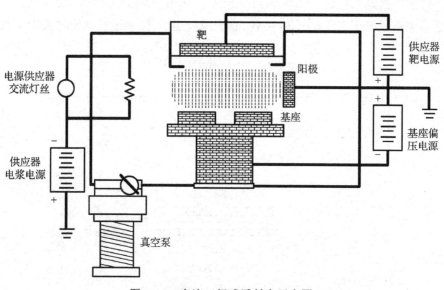

图 5-14　直流三极式溅射台示意图

　　直流三极式溅射台辉光放电所需气体压力比较低,溅射速率较高,沉积薄膜的密度、纯度和均匀度都比较好。在工艺过程中可以利用光刻工艺进行图形定义。电离密度可以控制,沉积薄膜的特性可以调节。这个系统的缺点是灯丝容易造成污染,灯丝的功率消耗会使反应室的温度升高。

5.2.2　射频溅射台

　　溅射的基本原理是动量传递。当高能粒子轰击靶材表面时,就把能量传递给轰击区的表面,使靶材表面的原子获得很高的能量而从靶中逸出。就一级近似而言,虽然靶材表面被均匀地剥掉了一层,但是靶材的化学成分并不因粒子束的轰击而改变。

　　已经介绍过的直流溅射只能用于沉积金属或导电薄膜,而不适用于制备绝缘体薄膜,原因是轰击离子的正电荷不能被及时中和,大部分电荷因此而集中在两端绝缘体上,留在气体中的很少,这样无论离子到达速率还是离子的能量,都不足以造成明显的溅射。也就是说,当正离子轰击靶材表面时,把动能传递给靶面,但正离子本身却留在了靶材表面并聚集起来,这些正电荷所产生的电场将会对射向靶材表面的离子产生排斥,从而迫使溅射停止。为了溅射绝缘体材料,通常采用高频溅射技术,利用正离子和电子对靶材的轮番轰击而中和离子的电荷,从而使溅射得以持续进行。

　　射频溅射可以用绝缘物来做靶材。射频能加到靶材的背面,以电容耦合到正面。RF等离子团中电子和离子的移动速率的差别,使绝缘靶材的表面得到一个净的负电荷,吸引等离子团中的氩离子到靶材的表面发生溅射。这种射频溅射系统的优点是不会有气态杂质存在,重复性好,不存在灯丝的污染,可以沉积合金或不改变原成分的化合物。

　　射频溅射系统有二极式和三极式,但三极式射频溅射台尚未广泛应用于 IC 加工。射频二极式溅射台适用于半导体加工过程中的介电质的溅射。

　　一个射频二极式溅射台,如图 5-15(a)所示。输出功率 1～2kW,频率为 13.56MHz。电子的迁移速率远大于离子的迁移速率,因此会大量且快速迁移到靶材表面(当靶材为

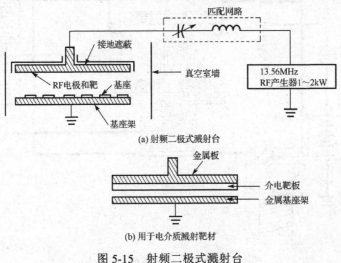

(a) 射频二极式溅射台

(b) 用于电介质溅射靶材

图 5-15　射频二极式溅射台

正电位）形成溅射。介电材料也可以利用这种设备做溅射镀膜。介电材料做溅射，靶的构造如图 5-15(b)所示。介电板用导电的化合物焊接到一金属支架上，利用金属板吸引氩离子而撞击前方的介电靶，当靶是介电质时，不需要阻挡直流的电容器。图 5-16 所示为另外一种射频溅射系统，利用耦合变压器做直流隔离。

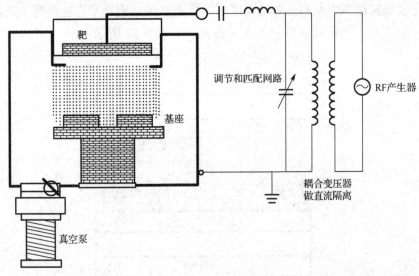

图 5-16　射频溅射系统

5.2.3　磁控溅射

磁控溅射是物理气相沉积薄膜的一种方法，属于 PVD（Physical Vapor Deposition）的范畴。一般的溅射方法可被应用于制备金属、半导体、绝缘体等多种材料，且具有设备简单、易于控制、镀膜面积大和附着力强等优点。而 20 世纪 70 年代发展起来的磁控溅射法更是实现了高速、低温、低损伤，从而使磁控溅射工艺得到了更加广泛的应用。

磁控溅射的工作原理是指电子在电场的作用下，在飞向衬底晶圆的过程中与氩原子发生碰撞，使其电离产生出 Ar^+ 离子和新的电子，新电子飞向晶圆，氩离子在电场作用下加速飞向阴极靶，并以高能量轰击靶材表面，使靶材发生溅射。磁控溅射是入射粒子和靶的碰撞过程。入射粒子在靶中经历复杂的散射过程，和靶原子碰撞，把部分动量传递给靶原子，此靶原子又与其他靶原子碰撞，形成级联过程。在这种级联过程中，某些表面附近的靶原子获得了向外运动的足够动量，离开靶材表面被溅射出来。

磁控溅射包括很多种类，各有不同的工作原理和应用对象。但是磁控溅射有共同的特点：利用磁场与电场的交互作用，使电子在靶表面附近呈螺旋状运行，从而增大电子撞击氩气产生离子的概率。所产生的离子在电场的作用下撞击靶表面，从而溅射出靶材。

磁控溅射的靶源分为平衡式和非平衡式。平衡式靶源镀膜均匀，非平衡式靶源镀膜膜层和衬底晶圆的结合力强。下面简单介绍几种常见的溅射系统。

平面直流磁控溅射台，是将磁场加在直流二极式溅射源上，离开靶的二次电子在磁场的作用下发生偏折且控制其方向，造成更多的碰撞，电离密度增大。这种溅射的方法薄膜沉积速度快，如图 5-17 所示。

平面靶源不适用于全自动的加工工艺，因为它需要复杂的机械手臂来装卸，靶的使用效率也比较低，在 30%左右。自动化溅射一般把靶做成圆柱形，在溅射工艺加工过程中，晶圆衬底不动，外面绕以环状的永久磁铁，如图 5-18 所示。

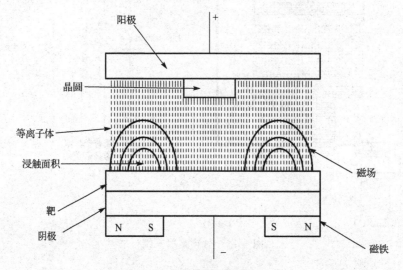

图 5-17　平面直流磁控溅射台

如图 5-18 所示，电子在一个闭环的回路中运动，它可以同时用来加工很多小的零件，把这些小零件放在圆柱基座的壁上，因此靶材的使用率可以大幅度提高。

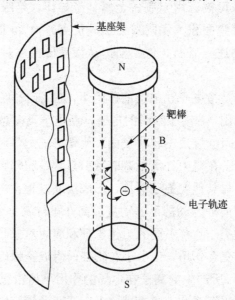

图 5-18　圆柱形磁电管

5.3　溅射工艺应用及工艺实例

　　由于磁控溅射具有设备简单、易于控制工艺参数、镀膜面积大和薄膜的附着力强等优点，这种技术在 20 世纪 70 年代就得到了广泛的发展和应用。利用磁控溅射技术制备的薄膜可由多层金属或金属氧化层组成，允许任意调节能量通过率、能量反射率，具有良好的工艺效果。目前磁控溅射镀膜玻璃已经越来越多地应用于现代建筑，并逐渐应用在民用住宅、汽车、电子领域，具有非常广泛的发展前景。

　　高校作为教学及科研实验基地，磁控溅射的应用非常普遍，而且应用磁控溅射也取得了比较好的教学成绩和科研成果。图 5-19～图 5-21 所示为某实验室自行研发加工的磁控溅射设备原理图、设备图和加工工件。

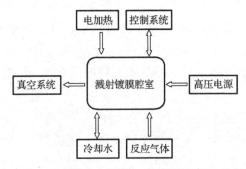

图 5-19　某实验室自行研发加工的磁控溅射设备原理图 1

(a) 部分真空系统（油扩散泵、罗茨泵）

(b) 放电腔室、电弧靶、底座转架等

(c) 控制柜

(d) 真空腔室

图 5-20　某实验室自行研发加工的磁控溅射设备图 2

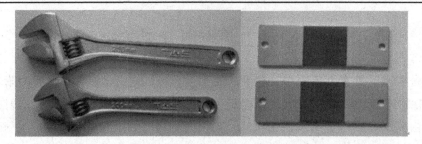

图 5-21　自行研发溅射台加工工件

溅射氮化钛工艺操作流程（规程）如下。

（1）开水、电、气；启动冷却水按钮，挂上实验室用水的牌子，查看两个水压表达到 2kg。

（2）检查泵体（机械、罗茨、扩散）、真空室、金属靶（4 个）、冷却水流动情况是否正常。其中，机械泵的油如果发白，表明水多，发黑，表明油脏，且油面不能少于一半。

（3）启动空气压缩机，开关，再插排，查看控制阀及启动情况，必要时放气加速升压。

（4）打开控制柜（右柜）电源开关；开机械泵，5s 以后开前级阀；等右边真空计达到 0.5Pa 以下开扩散泵；预热一小时后开放气阀。

（5）放入需要镀膜的工件，关炉门（再次放工件循环），关放气阀，关前级阀，开预抽阀，到 500Pa，开罗茨泵，到 2~3Pa 之间，关预抽阀，开前级阀。延迟 5s 后，开高阀。真空达到 10^{-1}，可以关罗茨泵。然后，抽真空，使真空度达到镀膜工艺。

（6）保持真空系统，开始工艺，开转架（位于操作画面右侧）。手动移动光栅阀至垂直方向，送氩气到 0.1Pa。

（7）开电柜（左侧）电源，开偏压（电柜最上方）400~500V，清洗 10~20min，加热真空室，100℃~250℃。加弧线圈供电，加靶上电压。

（8）开多弧靶，送氮气和氩气，一般比例氩气占 10%~20%，调整多弧靶的电流，根据工艺要求调整镀膜的时间。

（9）镀膜完成后，关弧电压，关靶电压，关偏压（用完后偏压调制最小），关流量计，关靶线圈，将光栅阀调制左侧，关转架，等达到放气要求（80℃以下）后，关高阀，关真空计，开放气阀，放气，取样品，然后再下一次循环。

（10）全部完成后，关扩散泵，冷却一小时，后关前级阀，关机械泵，关控制柜电源。

一般来讲，溅射工艺都包含以下 6 个基本步骤：

（1）在高真空腔等离子体中产生正的氩离子，并向具有负电势的靶材料加速；

（2）在加速过程中获得动量并轰击靶材料；

（3）离子通过物理过程从靶上撞击出原子（溅射过程）；

（4）被撞击出的原子迁移到硅片（衬底）表面；

（5）被溅射出的原子在硅片（衬底）表面成膜；

（6）额外材料被真空泵抽走。

作为高新技术产业的关键技术，溅射镀膜在近年来得到了突飞猛进的发展。目前溅射镀膜广泛应用在大规模集成电路及电子元器件、磁性材料及磁记录介质、平板显示器、光学级光波导通信、能源科学、机械及塑料产业领域。限于人类目前的科学认识及设备的不足，我们对溅射成膜的过程及机理还不是完全了解，即使有一定的认识也并不完全深入，随着科学技术的不断进步，溅射镀膜的应用将会越来越广泛，溅射镀膜技术也将会在未来的高技术产业中发挥越来越大的作用。

本 章 小 结

本章首先介绍了溅射工艺的基本原理及当今时代溅射工艺的主要应用，并对离子溅射的主要影响因素进行了分析，对目前应用相当广泛的磁控溅射的基本原理及发展过程进行了详细的介绍，并对目前常见的溅射工艺设备结构进行了介绍。最后介绍了某实验室自行研发的磁控溅射设备原理及设备，并对操作流程进行了简要描述，对溅射加工的工件进行了展示。

习 题

1. 简述溅射产生的过程。

2. 什么叫做溅射产额？影响溅射产额的因素有哪些？

3. 溅射产额与靶材的原子序数的变化有什么关系？

4. 什么叫做选择溅射？

5. 在选择溅射过程中，溅射过程主要受哪几个因素支配？

6. 溅射工艺的特点是什么？

7. 为什么在溅射工艺中，一般使用氩气而不是其他的惰性气体？

8. 溅射工艺主要包括哪两个主要过程？

9. 为什么溅射工艺与蒸发工艺相比具有良好的台阶覆盖率？

10. 直流溅射台大约可以分为几种类型？

11. 平面二极式溅射台的优缺点是什么？它主要适用什么情况下的薄膜沉积？

12. 三极式溅射台的优缺点是什么？

13. 三极式溅射台与直流二极式溅射台有什么优点？

14. 为什么直流溅射不能应用于制备绝缘材料？

15. 射频溅射系统的优缺点是什么？

16. 磁控溅射主要可以制备什么薄膜？

17. 磁控溅射工艺为什么应用如此广泛？

第6章 真空蒸镀技术

学习目标

通过本章的学习，将了解和掌握：

（1）作为应用最广泛的一种 PVD 工艺，真空蒸镀法与其他镀膜方法相比具有的特点；

（2）真空蒸镀法的工艺特点；

（3）真空蒸镀工艺的相关参数；

（4）了解相关真空蒸镀工艺的蒸镀源；

（5）相关的真空蒸镀设备。

6.1 真空蒸镀技术简介

真空蒸镀技术（Vacumm Evaporation）是指在真空环境中，将材料（靶源）加热蒸发或升华，并使之在晶圆表面沉积析出成膜的过程。这是制作薄膜最一般的方法，是在其他先进的薄膜工艺开发之前应用最广泛的一种工艺。这种工艺是将装有晶圆的腔室（真空室）抽成真空，使气体压强达到 10^{-2}Pa 以下，然后加热靶源，使靶源的原子或分子从表面汽化逸出，形成蒸气流，入射到晶圆表面，然后凝结形成固态薄膜。由于真空蒸镀法的主要物理过程是通过加热靶材而产生的，所以一般又称为热蒸发法。

一般来讲，真空蒸镀（除电子束蒸发外）与化学气相沉积、溅射镀膜等成膜方法相比，具有如下特点：

（1）设备简单，操作方便容易；

（2）制作的薄膜纯度高，质量好，厚度可以准确控制；

（3）成膜速率高，效率高，用掩膜可以获得清晰图形；

（4）薄膜的生长机理比较单纯，工艺重复性好。

这种工艺方法的主要缺点是不容易获得结晶结构的薄膜，所形成薄膜在晶圆上的粘附力较弱。

真空蒸镀法属于物理气相沉积（Physical Vapor Deposition，PVD）工艺范畴，即在工艺反应过程中，不涉及化学反应过程中实现原子（或分子）从源物质到薄膜的可控转移的薄膜加工工艺方法。PVD 工艺方法具有如下一些特点：

（1）使用固态或熔融态的物质作为沉积过程中的源物质；

（2）源物质经过物理过程进入气相；

（3）在气相及在衬底表面并不发生化学反应；

（4）使用相对较低的气体压力环境；

（5）在低压 PVD 环境下，其他气体分子的散射作用小，气相分子的运动路径为一直线，气相分子在衬底上的沉积概率接近 100%。

真空蒸镀法一般来讲，包括以下几个基本过程：

（1）加热蒸发过程；

（2）汽化原子或分子在靶源与衬底晶圆之间的输运过程；

（3）蒸发原子或分子在衬底表面沉积成膜过程。

所有的 PVD 技术，即蒸发和溅射工艺技术，都具有很长的应用历史，它们都已被应用在物体上覆盖金属膜，这种技术的应用已经有超过一百年的历史。在当今时代，溅射技术的应用远远超过了蒸发技术的应用，但是蒸发技术仍然在某些特殊领域中继续应用。

图 6-1 所示为蒸发设备的示意图。在蒸发工艺过程中，源材料在真空腔室中加热，受热逸出的源分子（原子）在晶圆衬底表面聚集，在晶圆衬底表面形成固态薄膜。加热源可以采用电阻式热源，如采用钨丝进行源材料的加热。在微电子行业中更常用的加热方式是采用电子束蒸发，这种加热方式是在钨丝蒸发的基础上发展起来的。这种蒸发方式是在真空条件下利用电子束进行直接加热蒸发源材料，使蒸发材料气化并向晶圆衬底输运，在晶圆衬底凝结成膜的一种工艺方法。在电子束加热装置中，被加热的源材料置于坩埚中，可避免蒸发材料与坩埚壁发生反应从而影响薄膜的组分。因此，电子束蒸发可以制备高纯薄膜，同时在同一个蒸发沉积设备中放置多个坩埚，实现同时或分别蒸发，沉积多种不同的物质。利用电子束蒸发工艺，任何材料都可以被蒸发。

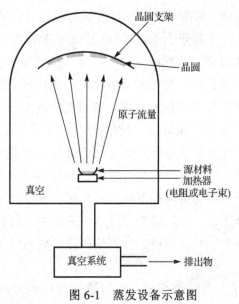

图 6-1　蒸发设备示意图

真空蒸镀法的特点是可以加工对粘附强度要求不是很高的某些功能薄膜，如电极的导电膜、光学镜头用增透膜等。与溅射法相比较，真空蒸镀法进行合金薄膜蒸镀时，合金膜成分很难保证。真空蒸镀法加工纯金属膜时加工速度快，尤其在进行铝膜的加工时更是如此。

真空蒸镀法的优点是适用范围非常广，它能在金属、半导体、绝缘体，甚至是塑料、纸张、织物表面沉积金属、半导体、绝缘体、不同成分比的合金、化合物，即部分有机聚合物等成分的薄膜。真空蒸镀法可以采用不同的沉积速率、不同的晶圆衬底温度和不同的蒸气分子入射角蒸镀成膜，因此可以得到不同显微结构和结晶形态（单晶、多晶或非晶等）的薄膜。真空蒸镀法的成膜纯度相对较高，易于在线检测和控制薄膜的厚度与成分。厚度控制精度可以达到单分子层量级。真空蒸镀法排除污染物很少，基本上没有"三废"公害。

6.2　真空蒸镀工艺的相关参数

真空蒸镀设备主要由真空镀膜腔室和真空系统两大部分构成，如图 6-1 所示。真空镀膜腔室内装有蒸发源、被蒸镀的衬底基片、蒸镀材料、衬底支架等。要实现真空蒸镀工艺，必须要加热蒸发源、冷的衬底基片和有一定要求的真空环境，三者缺一不可，特别是当对工艺腔室内的真空环境要求更为严格时。下面分别对真空蒸镀的 3 个基本工艺参数要求进行介绍。

6.2.1　工艺真空度

在真空蒸镀工艺中，对真空度的要求极为严格。这主要是防止在高温下因空气分子和蒸发源发生反应生成化合物，从而不能实现蒸发源材料在衬底基片上的准确的成分沉积；另外，还要防止蒸发源产生的分子（或原子）在工艺腔室内与空气分子碰撞而阻碍蒸发分子到达衬底表面，在没有到达衬底表面时可能与空气分子发生反应生成化合物，或由于与空气分子的碰撞而导致源材料在没有到达衬底表面时已经形成了凝结，并且高的真空度要求防止空气分子作为杂质混入膜内，或者在膜内形成化合物。

真空泛指低于一个大气压的气体状态，与普通的大气状态相比，分子密度较为稀薄，从而气体分子与气体分子、气体分子与腔室壁之间的碰撞概率要低很多。关于真空的定义有很多争论，在半导体行业中，对真空的理解应当为气体较为稀薄的、低于一个大气压的气体状态，真空状态下气体的稀薄程度称为真空度，通常用压力值进行真空度的表示。真空技术是基本实验技术之一。目前真空技术已经成为一门独立的学科。真空技术在微电子学、薄膜技术、冶金工业及材料学等尖端科技领域的应用已经越来越广泛，地位越来越重要。

真空的度量单位通常用大气压来表示，1 标准大气压=760mmHg=760Torr=1.013×10^5Pa，1Torr=133.3Pa。真空区域的划分目前尚无统一规定，目前常见的划分有：

粗真空：$10^5 \sim 10^3$Pa（$760 \sim 10$Torr）

低真空：$10^3 \sim 10^{-1}$Pa（$10 \sim 10^{-3}$Torr）

高真空：$10^{-1} \sim 10^{-6}$Pa（$10^{-3} \sim 10^{-8}$Torr）

超高真空：$10^{-6} \sim 10^{-10}$Pa（$10^{-8} \sim 10^{-12}$Torr）

极高真空：<10^{-10}Pa（<10^{-12}Torr）

在真空蒸镀工艺中，通常需要的真空度为 10^{-5}Torr。为了达到如上的工艺真空，至少需要能降低压强的设备真空泵及能形成工艺真空的工艺腔室。一个典型的真空系统应该包括真空腔室（容器）、获得真空的设备（真空泵）、测量真空的器具（真空规）及其他一些必要的管道、阀门和其他附属设备。

对于任何一个真空系统，都不可能获得绝对的真空，而是具有一定的压力的极限真空。这是真空系统能否满足工艺条件的重要指标之一。另外，一个真空系统的重要指标是抽气速率，指在规定压力下单位时间所抽出气体的体积，它决定了抽真空所需要的时间。真空泵是获得真空的关键设备。在组成排气系统时，必须选择抽气速率大小合适的真空泵。在具体应用中，还应考虑一些其他泵的重要性能：泵体积的大小、泵内物质对真空环境的污染、可靠性、价格、振动及噪声、功率、冷却水、风量和液氮的消耗量等这些参数都是在选择真空泵时需要关注的。在薄膜加工领域中，常用的真空泵主要有以下几种：油封机械泵、扩散泵、吸附泵、溅射离子泵、升华泵、低温冷凝泵、涡轮分子泵、复合涡轮泵及干式机械泵等。真空泵的作用就是从真空室中抽出气体分子，降低真空腔体内的气体压力，从而达到要求的真空度。概括地讲，从大气到极限真空是一个很大的范围，迄今为止，还没有一种真空系统能覆盖整个范围。因此，为达到不同的工艺指标、工作效率和设备工作寿命的要求，不同的真空区段需要选择不同的真空系统配置。

对于真空系统是否达到工艺要求，要通过一定的技术手段来测量。由于真空技术所涉及的压强范围极广，因此找不出一种压强计能覆盖整个压强范围，人们往往是针对具体的压强测量范围选择不同的测量仪器——压强计来进行真空的测量的，也就是通常所说的真空规。最常见的有热偶真空规、热阴极电离真空规和高频火花检漏仪等。

热偶真空规是气体压强敏感元件之一。在玻璃管内，一对热电偶与一对加热钨丝焊接在一起。如果加热电流恒定不变，则加热丝的温度取决于管内气体的热导率。随着真空度的不断提高（压强减小），热偶电动势增大，因此可以用热偶电动势来表示管内气体的压强，即表示腔室内真空度的高低。但是当腔室内的真空度更高时，由于热传导非常小，热偶电动势的变化不明显，所以热偶真空规的使用范围是在低真空的范围内。

热阴极电离真空规是一种常用的高真空测量设备。好的热阴极电离真空规可以测量 10^{-10}mm 汞柱的超高真空。但是当真空度低于 10^{-3}Torr 时，不能使用电离真空规，因为规管的阴极是由钨丝制成的，当真空度不高时，加热钨丝容易氧化而烧断。

高频火花检漏仪通常用来检测真空系统是否漏气，检查时，让探针沿着真空系统的玻璃表面移动，如果有漏气，则气流不断从漏气处进入，则将会产生一束明亮的火花。

此外，由于这种捡漏的装备会激起真空管内部的高频辉光放电，所以可以由辉光的不同颜色而粗略估计系统的真空度。

6.2.2 饱和蒸气压

蒸发工艺需要 3 个最基本的条件：工艺真空、加热使镀料蒸发、采用温度较低的衬底基片以便于气体镀料冷凝成膜。蒸发材料在真空中被加热时，其原子或分子就会从表面逸出，这种现象叫做热蒸发。在一定温度下，真空室中蒸发材料的蒸气在于固体或液体平衡过程中所表现出的压力，称为该温度下的饱和蒸气压。同一物质在不同温度下有不同的饱和蒸气压，并且随着温度的升高，饱和蒸气压也随之增大。纯溶剂的饱和蒸气压大于溶液的饱和蒸气压；对于同一物质，固态的饱和蒸气压小于液态的饱和蒸气压。

在真空条件下，物质的蒸发要比常压下容易得多，所需蒸发温度也大大降低，蒸发过程也将大大缩短，蒸发速率显著提高。饱和蒸气压与温度的关系可以帮助我们合理地选择蒸发材料及确定蒸发条件，因此对于薄膜制作技术有重要的实际意义。表 6-1 所示为一些常用材料的蒸气压与温度的关系。

表 6-1 常用材料的蒸气压与温度的关系

金属	分子量	不同蒸气压 p 下的温度 T/K						熔点/K	蒸发速率
		10^{-6}Pa	10^{-5}Pa	10^{-4}Pa	10^{-2}Pa	10^{0}Pa	10^{2}Pa		
Au	197	964	1080	1220	1405	1670	2040	1336	6.1
Ag	107.9	759	847	958	1105	1300	1605	1234	9.4
In	114.8	677	761	870	1015	1220	1520	429	9.4
Al	27	860	758	1035	1245	1490	1830	932	18
Ca	69.7	796	892	1015	1180	1405	1715	303	11
Si	28.1	1145	1265	1420	1610	1905	2330	1685	15
Za	65.4	354	396	450	520	617	760	693	17
Cd	112.4	310	347	392	450	538	665	594	14
Te	127.6	385	428	482	553	647	791	723	12
Se	79	301	336	380	437	516	636	490	17
As	74.9	340	377	423	477	550	645	1090	17
C	12	1765	1930	2140	2410	2730	3170	4130	19
Ta	181	2020	2230	2510	2860	3330	3980	3270	4.5
W	183.8	2150	2390	2680	3030	3500	4180	3650	4.4

注：蒸发速率的单位为 10^{17}cm^{-2}·s^{-1}分子（$p \approx 1$Pa，粘贴系数 $\alpha_s \approx 1$）。

6.2.3 蒸发速率和沉积速率

在真空蒸发工艺过程中，熔融的液相与蒸发的气相处于动态平衡状态：分子不断从液相表面上蒸发，而数量相当的蒸发分子不断与液相表面碰撞，因凝结而返回到液相中。

蒸发速率与沉积速率直接关系到薄膜的沉积速率，是工艺中的一个重要参数。蒸发速率与很多因素相关，如温度、蒸发面积、表面的清洁程度、加热方式等，由于物质的平衡蒸气压随着温度的上升增加很快，因此对物质蒸发速率影响最大的因素是蒸发源的温度。从表象看来，似乎蒸发速率随着温度的升高而增大，但是在实际应用中可以发现，随着温度的升高，蒸发速率迅速增大。但是，当蒸发温度高于熔点温度从而蒸发时，蒸发源温度的微小变化将会使蒸发速率发生很大的变化。

薄膜沉积过程中的沉积速率则是薄膜加工工艺中的一个重要特性，它直接影响到薄膜的结构和特性。影响沉积速率的因素主要有蒸发源的形状与尺寸、蒸发源与衬底基片的距离和凝聚系数。一般来讲，蒸发源与衬底基片的距离近时，膜厚均匀性不好，但是沉积速率增大。当衬底基片与蒸发源的距离相对较远时，膜厚均匀性提高了，但是相应地沉积速率降低。图 6-2 所示为蒸发源与衬底基片之间距离对薄膜的影响示意图。

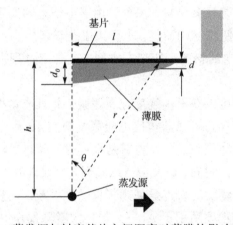

图 6-2　蒸发源与衬底基片之间距离对薄膜的影响示意图

6.3　真空蒸镀源

为了使蒸气压达到 1Pa 量级，需要将待蒸发的材料（镀料或镀源）加热到比熔点稍高的温度。当然有些物质（如 Cr），在比熔点低的温度下就发生升华，而有的物质（如 Al）在比熔点高得多的情况下才能升华，一般来说，要获得高蒸发速率，就需要加热到更高的温度。

为了加热，需要利用加热丝、加热板、加热容器等，在其上或其中放入镀料。可是要考虑容器或加热丝（板）等与镀料的反应，一旦发生反应形成了合金，就不能继续使用，必须及时进行更换。另外，若已经形成合金而继续使用，就会降低蒸发速率和薄膜的纯度。要想避免这种情况发生，必须根据工艺加工的需要正确选择蒸发源的材料和形状。一般来说，蒸发熔点低的材料采用电阻蒸发法，蒸发高熔点材料，特别是纯度要求很高的情况下，则选用能量密度高的电子束法，当蒸发速率大时，可以采用高频法。此外，还可以根据各自的工艺加工需要，采用近年来新开发出的工艺，如脉冲激光法等。

　　常用的蒸发源主要有电阻蒸发源、电子束蒸发源和高频感应蒸发源。

　　电阻蒸发源结构简单，使用方便，造价低廉，使用普遍，采用电阻加热法时应当考虑蒸发源的材料和结构。电阻蒸发源一般适用于熔点低于 1500℃ 的镀料，采用灯丝或蒸发舟等进行镀料的加热。通常对电阻蒸发源材料的要求有以下几点：熔点高、饱和蒸气压低、化学性能稳定，具有良好的耐热性能，功率密度变化小，另外，最好能保证原材料丰富，经济耐用。

　　电子束蒸发克服了一般电子束蒸发的许多缺点，特别适合制作高熔点薄膜材料和高纯度薄膜材料。电子束蒸发源的优点是可以使高熔点材料蒸发，并能有较高的蒸发速率，例如，电子束蒸发可以蒸发 W、SiO_2 等难熔材料。镀料可以置于冷水铜坩埚内，这样可以避免容器材料的蒸发，以及容器材料与镀料之间的反应，可以得到极高的镀料薄膜。另外，电子束蒸发可以将热量直接加到镀料的表面，因此热效率高，热传导和热辐射的损失少。缺点是电子束工艺设备昂贵，另外，由于电子束的作用，可能会使蒸发原子和残余气体二次电离，影响薄膜层的质量。电子束工艺设备中当加速电压过高时所产生的软 X 射线对人体也有一定的伤害，应该在进行工艺加工过程中予以注意，安全操作，隔离辐射。

　　采用高频感应蒸发源可以获得高纯度金属薄膜，并且产量很大。高频感应蒸发源的特点是蒸发速率大，产量高，可以获得比电阻蒸发源大 10 倍左右的产量。蒸发源的温度均匀稳定，不易产生飞溅现象；蒸发材料是金属时，其自身可产生热量。因此，可以选择与蒸发材料反应最小的材料；蒸发源一次装料，无须送料机构，温度控制比较容易，操作比较简单。高频感应蒸发的缺点是高频装置必须屏蔽，高频发生器复杂昂贵，功耗大。一般高频感应蒸发法主要适用于 Al 等金属的大量蒸发。

6.4　真空蒸镀设备

　　最早的蒸镀设备是用几种耐火技术制作电阻丝缠绕在一起，并以电流加热的。蒸镀源也被加工成丝状，绕在电阻丝上，如图 6-3 所示。

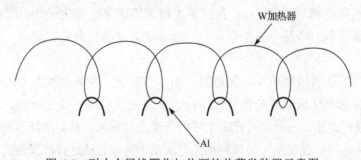

图 6-3　耐火金属线圈作加热源的热蒸发装置示意图

　　在这种蒸发装置中，当金属被加热时，蒸镀源熔化，在灯丝表面蒸发，加热材料的熔点必须要比欲蒸镀的金属材料熔点高，而且二者不能成为合金材料。例如，在采用热蒸发工艺蒸发铝薄膜时，可以采用金属钨作为加热源。热蒸发可以采用灯丝加热的替代方式，也就是通常所说的加热舟方式进行金属加热，如图 6-4 所示。

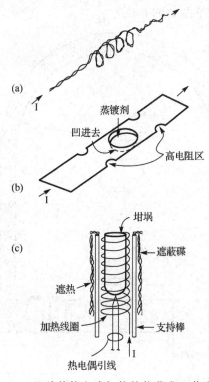

图 6-4　几种其他方式加热的热蒸发工艺方式

但是这几种方式都无法实现快速连续的蒸发，工艺加工效率不高，不利于大规模工艺生产，金属镀源装载不方便，而且加热灯丝或热板容易烧坏。要解决这些问题，射频感应加热蒸镀工艺应运而生，如图 6-5 所示。

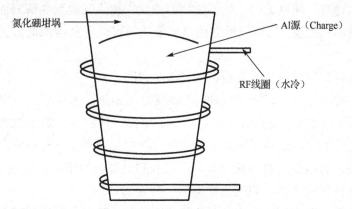

图 6-5　射频感应加热蒸镀系统示意图

不论采用何种热源进行蒸镀工艺，每种蒸镀系统都有各自的优缺点。下面主要介绍几种常用的蒸镀系统。

6.4.1 电阻加热式蒸镀机（蒸发机）

电阻加热式蒸镀系统示意图如图 6-6 所示。

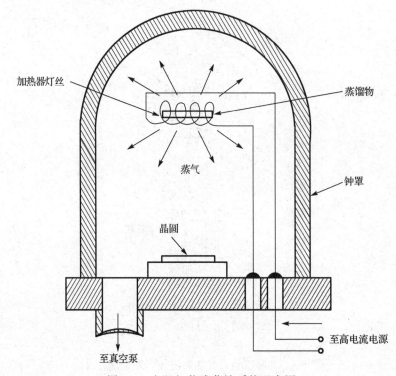

加热器灯丝

蒸馏物

蒸气

钟罩

晶圆

至高电流电源

至真空泵

图 6-6   电阻加热式蒸镀系统示意图

在此系统中，抽真空至 10^{-5}Torr。高电流通过灯丝，使灯丝加热到超过欲蒸镀金属的蒸发温度，使其蒸发。金属蒸发后迁移到晶圆表面，冷凝在晶圆表面，从而在欲镀晶圆表面形成金属薄膜。理论上讲，从蒸镀物的质量、加热灯丝到晶圆表面的距离，可以得到晶圆表面薄膜的厚度，也可以用蒸镀源质量侦测仪进行蒸镀源质量的监测来估算薄膜的厚度。

还有其他两种蒸镀系统的示意图，如图 6-7 和图 6-8 所示。

在蒸镀前，抽真空至 $10^{-6} \sim 10^{-7}$Torr，晶圆背面加热，可以利于蒸镀金属附着在晶圆表面。调节板（Baffle）用来阻止来自真空系统的气体倒灌。热阻丝或舟用以放置蒸镀金属源。热蒸发工艺的污染来源除了热阻丝、真空系统外，还有钟罩内表面所吸附的杂质，当加热后，这些杂质容易被分解从而加入到蒸发金属中，在衬底表面形成薄膜，而更重要的是这种形式的蒸镀系统只能蒸镀一种金属。

通常在系统中，将一个挡板放在灯丝和晶圆之间。因为在到达蒸镀金属的蒸发温度之前，一些杂质会先挥发，先用小电流和挡板去除掉这些杂质，可以提高沉积物的纯度。一般采用的加热式蒸镀系统中的钨丝中通常含有钠金属以加强钨金属丝的弹性，因此，钨丝作为蒸镀加热的蒸镀系统容易造成元件特性不稳定。在半导体元件的加工中多用钨丝蒸镀作为晶圆背面的镀金，即可以形成钨硅共晶，在半导体封装方面得到了广泛的应用。

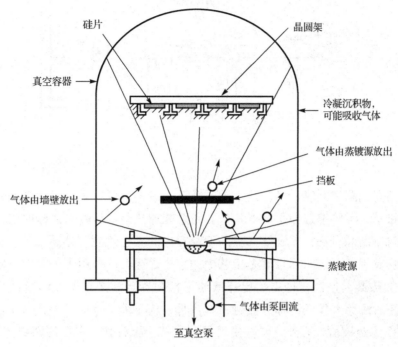

图 6-7 一台蒸镀机示意图

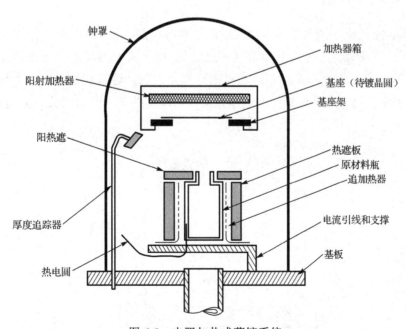

图 6-8 电阻加热式蒸镀系统

图 6-9 所示为高真空蒸镀系统的示意图。

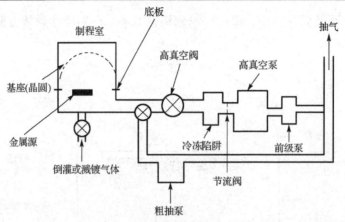

图 6-9　高真空蒸镀系统的示意图

　　图中的高真空蒸镀系统，可以是电阻式蒸镀系统，也可以是电子束蒸发系统。工艺腔室一般由钟罩、不锈钢圆柱形容器构成。当系统加热时，蒸镀源会释放出微量气体而使腔室内的气压略微升高，通过抽真空而使腔室内的真空达到工艺要求后，从而进行蒸镀金属薄膜的蒸镀。系统的洁净度是工艺中的重中之重，所有用于工艺腔室的零件，包括蒸镀源、加热器、挡板、钟罩、电极或速率检测器等都必须彻底洁净再干燥后才能进行工艺加工。避免人体任何部分接触系统内部，从而进一步保证无钠污染，使用高纯度的金属源作为蒸镀源，另外，可以使用行星支架，从而进一步保证蒸镀膜的均匀性。

6.4.2　电子束蒸发台

　　人们最早发现电子束蒸发台可以提供无钠的铝层，从而将电子束蒸发台应用于MOS 工艺。电子束蒸发台示意图如图 6-10 所示。电子束大约有 10keV 的能量，电流可以大到数安培。坩埚用水冷却，铝源材料的外围是冷的。这就使铝像由一个纯铝的坩埚蒸发出来一样，因此，只要源材料的纯度足够高，蒸镀出来的沉积物就一定是高纯度的。

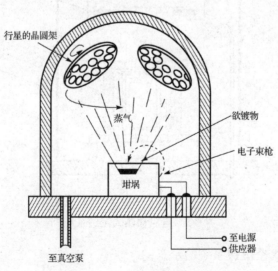

图 6-10　电子束蒸发台示意图

　　为了提高 ULSI 的台阶覆盖率，利用放置在真空腔室内转动的行星支架，使晶圆暴露于金属源，连续地在一个大范围的角度内进行金属蒸发，这样可以大幅度提高台阶覆盖程度。当然，在 ULSI 工艺中的贯穿孔蒸镀，使用电子束蒸发或者溅射工艺都无法进行孔内的金属覆盖，这种工艺就必须利用 CVD 工艺进行工艺加工。

　　另一种电子束蒸发系统如图 6-11 所示。

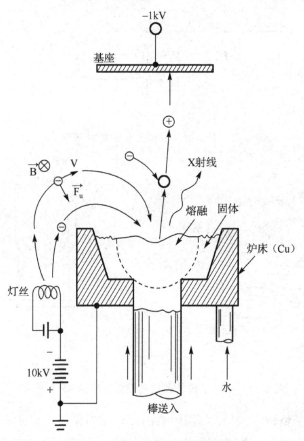

图 6-11　另一种电子束蒸发系统

　　电子束蒸发工艺的优点是蒸发速度快、无污染、可精确控制膜厚、高热效率、可以沉积许多新材料。合金材料即使与饱和蒸气压相差 100 倍，也可以利用电子束蒸发技术来进行薄膜的蒸镀。电子束蒸发的缺点是可能会对晶圆本身造成伤害，有可能是 X 射线伤害，甚至是离子伤害。因为在电压大于 10kV 时，入射电子束会造成 X 射线散射，光伤害在采用高能激光束代替电子束时，可以避免 X 射线伤害，但是这种技术目前还没有应用到具体的生产设备上。

　　用于电子束蒸发工艺的电子枪功率大约为 10kW（5kV，2A），电子枪的最高功率可达 1.2MW，用于电子束蒸发台的坩埚和电子枪如图 6-12 所示。

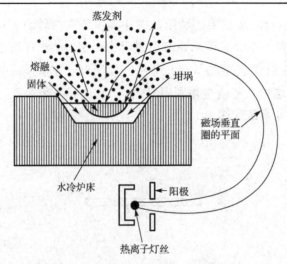

图 6-12 用于电子束蒸发台的坩埚和电子枪

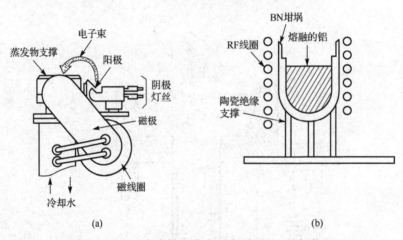

(a)　　　　　　　　　　　(b)

图 6-13 电子束偏转和蒸发铝金属用的 RF 加热源

利用磁场使电子偏转 270°，利用炽热的钨丝发射电子，以阴极约束电子形成电子束。阴极和钨丝在负电位，电子被吸引而趋向接地的阳极。阴极靠近蒸发源但偏离蒸发源，从而避免被蒸发的金属污染。电子束朝蒸发源射去。在电子束蒸发过程中，工艺腔室的真空维持在 $10^{-6} \sim 10^{-7}$Torr，必须不断抽气，从而维持工艺真空。监督电子束蒸发速率的方法，可以从测量基板附近的蒸发物的浓度或真正的沉积物浓度而获得，如采用离子计数或者利用石英振荡器来获得沉积速率。

本 章 小 结

本章简要介绍了常见的两种真空蒸镀（蒸发），即热蒸发技术和电子束蒸发技术的基本原理和设备的基本机构及原理特点。真空蒸镀技术相对来说是一种比较古老的工艺技术，但是，随着现代科学的不断进步，真空技术的应用也越来越广泛，不仅日常生活中大量地采用了真空蒸镀技术，在国防科研和军事应用中，真空蒸镀技术的应用也是越来越广泛。

习　题

1．什么叫做真空蒸镀技术？

2．真空蒸镀技术与 CVD、溅射工艺相比有什么特点？

3．一般来讲，真空蒸镀法包含几个基本过程？

4．真空蒸镀设备主要由哪两大部分组成？

5．要实现真空蒸镀工艺，必须具备哪些条件？

6．在真空工艺中对高真空的要求的主要目的是什么？

7．什么叫做真空？

8．真空区域是如何划分的？

9．典型的真空系统应该包括哪些设备及附属设备？

10．常用的真空测量仪器有哪些？

11．什么叫做饱和蒸气压？

12．薄膜沉积速率的工艺参数是什么？这些工艺参数与哪些因素有关？

13．常用的蒸发源有哪些？

14．举例说明几种常见的真空蒸镀设备。

第7章 CVD 技术

学习目标

通过本章的学习，将了解和掌握：

（1）CVD 的定义；

（2）常见 CVD 工艺的分类；

（3）APCVD 的工艺特点及主要应用；

（4）LPCVD 的工艺特点及主要应用；

（5）LPCVD 工艺的一般流程；

（6）PECVD 的工艺特点及主要应用；

（7）PECVD 相比其他薄膜工艺存在的比较大的缺陷；

（8）MOCVD 的工艺特点及主要应用；

（9）ECRCVD 系统的特点；

（10）PHCVD 工艺的特点；

（11）CVD 系统的基本步骤包括的部分；

（12）满足 CVD 系统的条件；

（13）CVD 工艺过程中主要受到哪两步工艺控制；

（14）CVD 系统的加热方式。

7.1　CVD 技术简介

化学气相沉积（Chemical Vapor Deposition，CVD），是半导体工艺中制备薄膜的一种重要方法。化学气相沉积是为了区别物理气相沉积（Physical Vapor Deposition，PVD）而定义的。这种方法是把含有构成薄膜元素的气态反应剂或液态反应剂的蒸气，以合理的气流引入工艺腔室，在衬底表面发生化学反应并在衬底表面上沉积薄膜。一般来讲，构成薄膜的气态反应剂或液态反应剂包含一种或几种化合物、单质气体供给衬底，借助气相作用或在衬底表面上的化学反应生成工艺要求的薄膜。CVD 这种化学制膜方法完全不同于 PVD 方法，后者是利用蒸镀材料或者溅射材料来制备薄膜的。但是目前已经出现了同时利用 CVD 和 PVD 两种方法在衬底表面制备薄膜的方法，如等离子体气相沉积法。由于 CVD 工艺是利用化学反应在衬底表面制备薄膜的，所以可任意控制薄膜的组成成分，能实现过去没有的全新结构和组成，并且 CVD 可以在低于薄膜组成物质的熔点温度下制备薄膜，因此，CVD 在集成电路工艺中所需的低温薄膜工艺加工中具有重要的作用。

为了满足不同的功能需要，目前已发展了多种用途的 CVD 技术，它们可以按照工艺沉积温度、反应压力、反应壁温度和反应激活方式等来分类。

按照 CVD 工艺沉积温度，可分为低温（200℃～500℃）、中温（500℃～1000℃）和高温（1000℃～1300℃）这 3 类。

按照反应压力，可分为常压（APCVD）和低压（LPCVD）两大类。

按照反应壁温度，可以分为热壁式和冷壁式两大类。

按照反应激活方式，可以分为热激活、等离子体激活和光激活等数种工艺方式。

目前比较常用的是常压冷壁、低压热壁、等离子体激活等 3 种沉积方法。常压冷壁法常用于生长不掺杂的二氧化硅，低压热壁法常用于生长多晶硅和氮化硅，等离子体激活方式可以降低反应所需的温度，所以在工艺生产中，常采用这种工艺方法生长最后用于钝化层薄膜的氮化硅。无论采用何种 CVD 工艺方式，形成薄膜的性质既与所利用的化学反应方式密切相关，也与沉底温度、气体流量、气体纯度、CVD 工艺反应装置的形式及 CVD 工艺反应系统的清洁程度密切相关。

7.2　常用 CVD 技术简介

常压 CVD 即 APCVD（Atmospheric Pressure Chemical Vapor Deposition），常压化学气相沉积是指在大气压下进行的一种化学气相沉积的工艺方法，这是 CVD 工艺中采用的最早的工艺方法。它的特点是工艺所需的系统简单，反应速度快。但是相对目前常用的其他 CVD 工艺方法而言，所沉积薄膜的均匀性较差，台阶覆盖能力也比较差，所以 APCVD 一般用来沉积比较厚的薄膜，利用薄膜的厚度来弥补它的工艺缺点。

APCVD 是微电子工艺中最早使用的 CVD 系统。早期主要用来沉积氧化层和生长硅外延层，目前在生产线上仍在使用。APCVD 是在大气压下进行沉积的 CVD 系统，操作简单，并且薄膜生长速度快。但是 APCVD 易于发生气相反应，产生微粒污染，而且以硅烷为反应剂沉积的二氧化硅薄膜的台阶覆盖率与均匀性都非常差。尽管 APCVD 沉积的氮化硅和多晶硅的质量相对二氧化硅的质量要好，但是目前这些薄膜的沉积基本上被 LPCVD 取代。因为 APCVD 的沉积速率非常快，而且可以批量生产，所以 APCVD 这种工艺在沉积厚的薄膜时具有广泛的应用市场。

常用的 APCVD 系统的装置简图如图 7-1 所示。

在本装置的上部有叠层式层流喷嘴，以氮气稀释的氧气及硅烷等氢化物气体相互间隔送入喷嘴，废气经喷嘴外面的间隙排出，放置在承片台上，承片台下部是加热装置。承片台在电机的驱动下可以移动，当衬底进入喷嘴区域时开始进行薄膜沉积，当离开喷嘴区域时沉积结束。当其他条件恒定不变时，沉积薄膜的厚度与承片台运动速度成反比。这种结构的装置一般用来沉积二氧化硅薄膜，它的优点是结构紧凑、生产效率高、薄膜厚度与掺杂均匀性较好、成本低廉，能用于大尺寸衬底的加工，主要缺点是喷嘴与承片台之间必须经常进行清扫和清理，否则容易使衬底在工艺加工过程中受到颗粒污染。

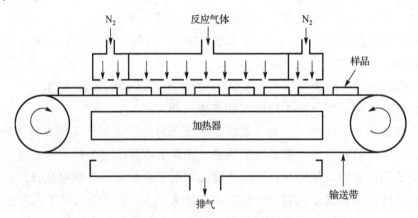

图 7-1　APCVD 工艺装置示意图

　　常压化学气相沉积（APCVD）是将衬底硅圆片放在输送带上，反应气体通入反应器的中央部分。在反应器（炉管）的两端通过惰性气体进行隔离。对硅衬底圆片以对流方式加热。这种方式的 CVD 工艺产能大，但是氮气（两端密封隔离用惰性气体）消耗也大。APCVD 容易受气相反应的影响，加工出来的薄膜台阶覆盖率较差。目前，APCVD主要用来低温氧化物（Low Temperature Oxide）的加工。

　　图 7-2(a)所示为一种常见的水平式 APCVD，将衬底硅圆片放在固定的水平石英板上面，反应气流和硅圆片的表面平行。反应气体经计量后，由反应器的一端送入，未使用完的气体或副产品从反应器的另一端抽走排出。热能通过缠绕在石英管上的电阻加热线圈提供。这个系统可以沉积多晶硅和二氧化硅，但是产能比较低下，薄膜均匀性差，反应器壁上容易形成颗粒掉落在硅圆片表面从而形成微粒污染，因此，在 VLSI 工艺中已经较少使用了。图 7-2(b)和(c)所示为连续工艺 APCVD，最常用来沉积低温二氧化硅（SiO$_2$）薄膜。硅圆片的移动是利用传送带或移动平板来实现的。图 7-2(b)中的反应气体从冷氮气覆盖的喷嘴喷出，而反应气体通过惰性气体隔离。图 7-2(c)中反应气体充满在有限的反应器空间内。APCVD 加工时，薄膜会沉积在传送带或移动平板上，所以在这种形式的 APCVD 加工中，对工艺反应器的清洗非常重要，并且反应气体的喷嘴也需要经常进行清洗。

　　在一个大气压或者略低于一个大气压的情况下进行 CVD 加工，主要用来做硅和化合物半导体，如砷化镓（GaAs）、铟磷（PIn）和碲镉汞（HgCdTe）的单晶膜。同时，也可以利用这种工艺进行高速率的二氧化硅膜沉积，也就是通常采用硅烷（SiH$_4$）和氧气（O$_2$）在低温 300℃～450℃时反应所生成的低温氧化物（Low Temperature Oxide，LTO）。在硅和化合物半导体的单晶加工或者低温气相外延（Vapor Phase Epitaxy，VPE）工艺中，所需要的温度是 400℃～800℃，甚至有时能达到 850℃以上。这种 APCVD 的反应器壁需要冷却，以降低在器壁上微粒的沉积，从而降低工艺加工中的微粒污染。这种结构的 APCVD 如图 7-3 所示。

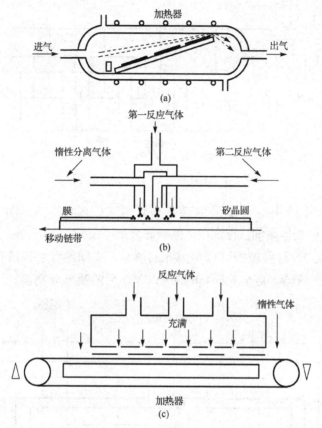

图 7-2　水平式 APCVD 和连续工艺 APCVD

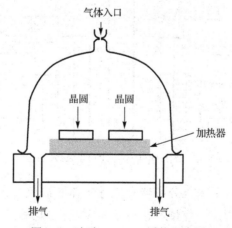

图 7-3　冷壁 APCVD 系统示意图

APCVD 和 LPCVD 可以利用四乙基原硅酸盐（$Si(OC_2H_5)_4$，TEOS）和臭氧（O_3）来生产氧化物薄膜。薄膜的保形性（Conformal）、低粘滞度和台阶覆盖率都可以通过改变 O_3 的浓度进行控制，如图 7-4 所示。

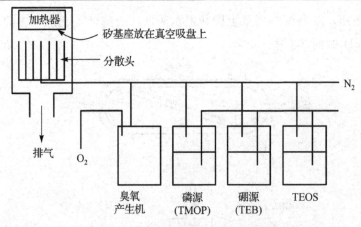

图 7-4　O₃-TEOS CVD 系统示意图

在这个 CVD 系统中，可以采用三甲基氧膦（C₃H₉OP，TMOP）或三乙烷基硼（B(C₂H₅)₃，TEB）作为掺杂剂，可沉积成硼磷硅玻璃（BPSG）和无掺杂玻璃（Non-doped Silicate Glass，NSG），这种玻璃可以作为孔洞填充、中间绝缘层或者自平坦化等使用。

图 7-5 所示为一个 Watkins-Johnson 的 APCVD 用的喷气分离器。

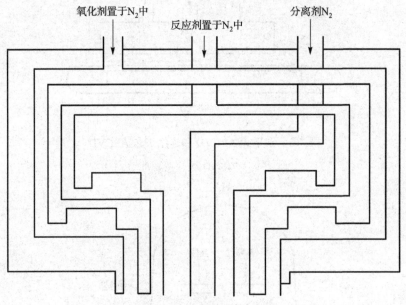

图 7-5　WJ APCVD 的喷气分离器示意图

在这个系统中，利用这个喷气分离器来进行气体的扩散混合，使气相反应降为极小。利用 N₂ 和 O₂ 将反应气体隔开，使反应在衬底表面发生，这种工艺方法可以得到高品质、低微粒污染的薄膜。

图 7-6 所示为常见的水平板式 APCVD 反应炉管的基本结构。这种结构由于微粒的存在而需要经常进行清洗，所以很少用在 VLSI 加工中。

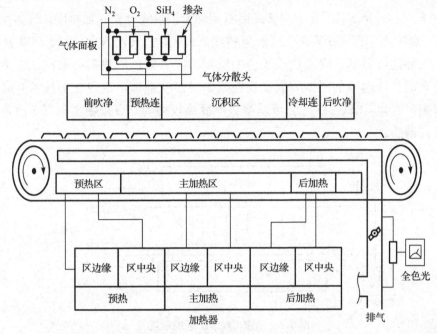

图 7-6　常见的水平板式 APCVD 反应炉管示意图

APCVD 是最早应用在半导体产业界的一种 CVD 系统。APCVD 发生在质量输运限制区域。在任何给定时间，在衬底表面不可能有足够的气体分子以保证反应的发生，因此，APCVD 系统的设计必须保证有足够量的反应物到达系统中的每一个需要反应的衬底圆片表面。由于反应在常压下进行，反应器的设计能相对简单，而且能实现很高的薄膜沉积速率。APCVD 最常用的应用是沉积二氧化硅（SiO_2）和掺杂的氧化硅（如 PSG、BPSG、FSG 等），在传统上应用这些薄膜作为层间介质（ILD）、保护性覆盖物或者表面平坦化。

7.3　低压化学气相沉积（LPCVD）

LPCVD（Low Pressure Chemical Vapor Deposition）低压化学气相沉积，是在 27～270Pa 的反应压力下进行的化学气相沉积。这种工艺方法的特点是沉积薄膜的质量和均匀性好，可以用于大批量加工，工艺成本较低，易于实现自动化。与 APCVD 系统相比，LPCVD 具有更低的成本、更高的产量和更好的薄膜性能，因此，LPCVD 工艺的应用更加广泛。

LPCVD 工艺沉积的某些薄膜，在均匀性和台阶覆盖率等方面比 APCVD 系统的更好，而且污染也少，另外，在不使用稀释气体的情况下，只需要通过降低压强就可以降低气相成核。由于 LPCVD 沉积速率不再受到质量输运的控制和影响，这就降低了对反应室结构的要求，通过对反应室结构的优化就可以得到较高的圆片容量。

一个热壁 LPCVD 系统如图 7-7 所示。这个系统可以用来沉积多晶硅、二氧化硅

（SiO$_2$）和氮化硅（Si$_3$N$_4$）。反应炉管采用石英炉管，系统设置三加热区，气体由一端输入，由另一端抽出。采用石英舟立式放置衬底圆片，垂直气流方向，每批可以加工 50～200 片。气体的压力低，薄膜的成长速率受到衬底表面反应速率的限制，而不是受传送到衬底表面气流速率的限制。表面反应速率对温度敏感，但现在的技术对温度的控制比较精确，因此，LPCVD 工艺可以得到厚度比较均匀、台阶覆盖率好、污染物较少的质量高的薄膜。

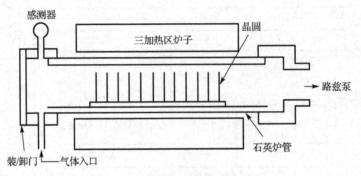

图 7-7　热壁 LPCVD 系统示意图

图 7-8、图 7-9 所示为大容量热壁 LPCVD 工艺系统示意图。

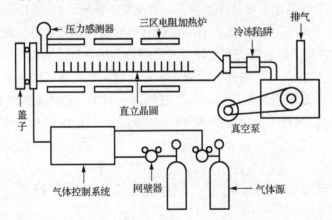

图 7-8　热壁 LPCVD 系统示意图

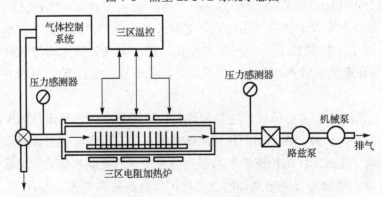

图 7-9　LPCVD 示意图

如图所示，反应气体在衬底的间隔或衬底和反应腔室的间隔形成对流。通过气体的流动在衬底表面发生化学沉积。这种系统所形成的薄膜厚度均匀，致密性好。

图 7-10 所示为多晶硅沉积用 LPCVD 系统示意图，主要用来沉积掺杂多晶硅。利用氮气（N_2）对炉管进行吹扫，氯化氢（HCl）用来除去氮气无法吹扫干净的污染物。

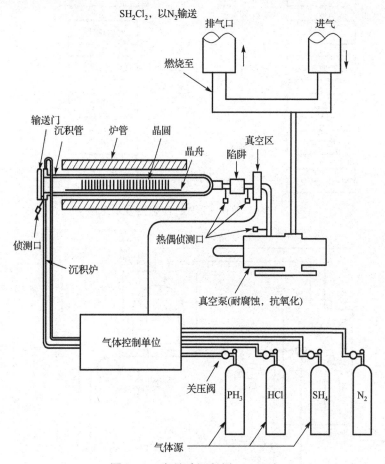

图 7-10　多晶硅沉积用 LPCVD

为了确保 LPCVD 工艺的成品率和安全，在 LPCVD 工艺加工过程中有比较严谨的工艺流程。在 LPCVD 之前，要对工艺腔室进行抽真空、氮气吹扫、测漏等工艺步骤，反应气体要以一定的角度和流速进入反应腔室。在工艺加工完成后，也要严格按照工艺流程的要求进行操作，确保工艺加工和操作人员的安全。一般的 LPCVD 工艺流程如图 7-11 所示。

LPCVD 工艺过程中会使用到很多危险气体，如有毒（Poisonous）、自燃（Pyrophoric）、可燃（Flammable）、爆炸（Explosive）和腐蚀性（Corrosive）气体等，因此，在进行 LPCVD 工艺加工时，要特别注意安全。图 7-12 所示为应对硅烷（SiH_4）装置。图 7-13 所示为 CVD 系统的排毒装置。

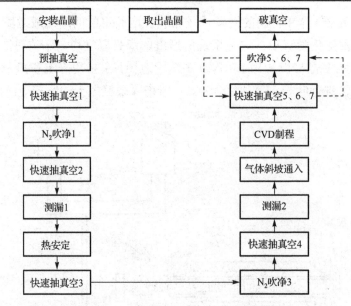

图 7-11　一般的 LPCVD 工艺流程示意图

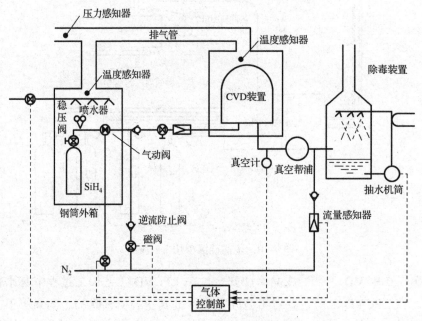

图 7-12　CVD 系统应对硅烷装置

LPCVD 系统的主要优点是具有非常优良的薄膜厚度均匀性，以及非常好的台阶覆盖率，同时，利用 LPCVD 系统可以大批量地生产加工，产率非常高。而 LPCVD 的缺点在于薄膜的沉积速率相对低下，而且在采用 LPCVD 工艺时，通常要使用具有毒性、腐蚀性、可燃性或者具有上述各种危险性集合的气体，所以具有一定的危险性。但是由于 LPCVD 的温度和气体压力比较低，并且所沉积的薄膜具有良好的性质，因此在集成电路（IC）加工中是被经常采用的一种 CVD 工艺。

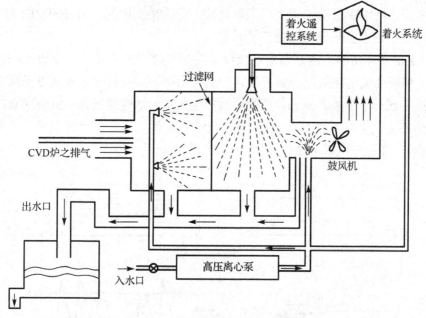

图 7-13　CVD 系统的排毒装置

7.4　等离子体增强化学气相沉积（PECVD）

PECVD（Plasma Enhanced Chemical Vapor Deposition）也就是等离子体增强化学气相沉积法，是目前最主要的化学沉积系统。APCVD 和 LPCVD 是按照气压进行分类的化学气相沉积法，而 PECVD 是按照反应激活能来进行定义的。在化学气相沉积（CVD）中，不仅可以利用热能来激活和维持化学反应，也可以通过非热能源的射频（RF）等离子体来激活和维持化学反应，而且受激活的分子可以在低温下发生化学反应，所以沉积温度不仅比 APCVD 和 LPCVD 系统低，而且还具有更高的沉积速率。

PECVD 是借助微波或射频等使含有薄膜组成原子的气体电离，在局部形成等离子体，而等离子体的化学活性很强，很容易发生反应，在衬底上沉积出所需的薄膜。为了能使化学反应在较低的温度下进行，利用等离子体的活性来促进反应进行，因此这种 CVD 系统又称为等离子体增强化学气相沉积（PECVD）。

低温沉积是 PECVD 的一个突出优点。因此，可以在铝上沉积二氧化硅。PECVD 沉积的薄膜具有良好的附着性、针孔密度低、台阶覆盖率好、电学特性优良、可以与精细图形转移工艺相兼容，这些优良的特性使 PECVD 在 ULSI 工艺中得到广泛的应用。

PECVD 在薄膜沉积过程中，使用等离子体能量来产生并维持 CVD 反应。PECVD 的系统反应压强和 LPCVD 系统的反应压强差距不大，因此，PECVD 的发展是紧随着 LPCVD 的发展而发展的。不同的是，PECVD 的反应温度远远低于 LPCVD 的反应温度。例如，LPCVD 沉积氮化硅（Si_3N_4）的温度一般是 800℃～900℃，而铝的熔点是 660℃，因此，不能用 LPCVD 系统在铝上沉积氮化硅，而采用沉积温度为 350℃的 PECVD 系统就可以达到在铝上沉积氮化硅的工艺目的。

　　PECVD 的基本结构为两个金属电极板，在其中的一个金属板上施加 13.56MHz 的射频电源，利用交流电让两个金属极板之间的自由电子产生振荡，振荡电子撞击反应气体使气体原子或分子形成游离态，反复振荡产生大量的活性游离基。由碰撞而产生的高能量的活性基是化学反应的主要来源。高能电子和离子复合产生辉光是形成等离子体的一个明显表征。PECVD 基本结构如图 7-14 所示。

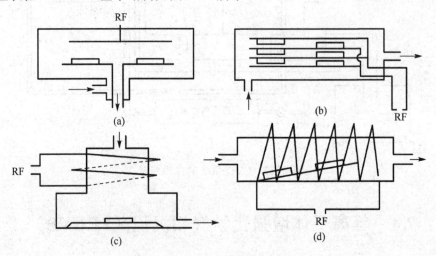

图 7-14　PECVD 基本结构示意图

　　图 7-14 中，图(a)为电容耦合结构，平行板放射状反应结构；图(b)为电容耦合，平行板管式反应结构；图(c)为电感耦合垂直反应结构；图(d)为电感耦合水平反应结构。图 7-15 所示为 PECVD 系统的结构示意图。

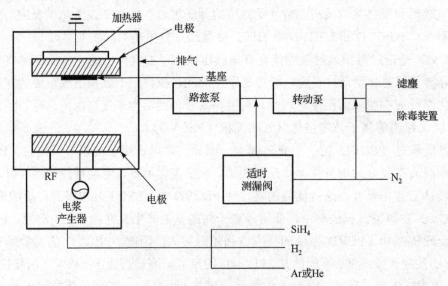

图 7-15　PECVD 系统的结构示意图

图 7-16(a)所示为一个平行板等离子增强的 PECVD 反应炉。反应室是一个圆柱体，采用玻璃或铝材质制成，上、下放有铝板作为金属电极。衬底放在下电极之上，下电极板接地。在上电极板上施加射频电压（13.56MHz），从而实现在上、下两个电极板之间形成辉光放电。气体呈放射状流动，经过辉光放电区。利用机械泵或鲁兹泵将气体抽走。接地电极板采用电阻加热或灯丝加热到 100℃～400℃，这种结构的 PECVD 系统可以沉积二氧化硅（SiO_2）、氮化硅（Si_3N_4）、氮氧化硅（SiON）、磷硅玻璃（Phosphosilicate Glass，PSG）等电介质和多晶硅。这种结构的 PECVD 的缺点是腔室容量小、衬底装卸费时、衬底表面容易受到污染。

图 7-16(b)所示为一个热壁式 PECVD 系统结构示意图。衬底直立放置于石英炉管中，与反应气体平行。加热电极采用石墨或铝板。在电极之间形成辉光放电，从而形成等离子体。这种反应炉的优点是容量大，沉积薄膜的温度低，但是缺点是衬底的装卸费时，电极容易形成微粒，从而对所形成的薄膜产生微粒污染。

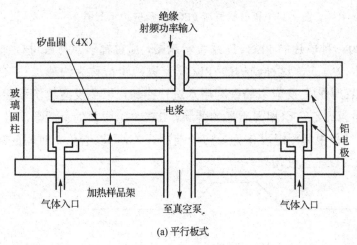

(a) 平行板式

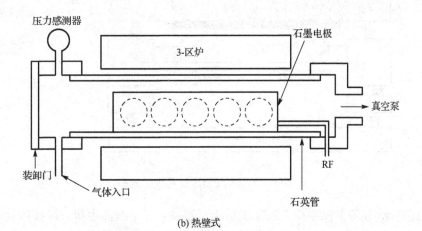

(b) 热壁式

图 7-16　PECVD 反应炉的两种结构

图 7-17 所示为另外一种结构的放射状气流平行电极 PECVD 系统。箭头代表气体流动的途径。电极间距为 5～10cm，工作压力为 0.1～5Torr，通过精确地控制等离子体密度和气流流速，这种结构的 PECVD 系统可以得到较为均匀的薄膜。

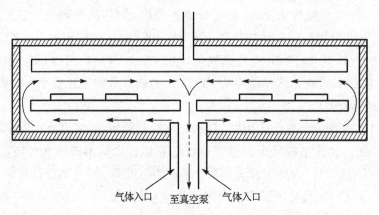

气体入口　　　至真空泵　　　气体入口

图 7-17　辐射状气流 PECVD 反应炉示意图

图 7-18 所示为一种单片的 PECVD 系统示意图，通过辐射对衬底进行加热，对射频电极的冷却采用水冷方式。这种结构的 PECVD 系统也被称为快速加热 CVD（Rapid Thermal CVD，RTCVD）。反应室墙壁利用水进行冷却，以免反应物沉积于反应室腔体表面，与 LPCVD 相比，沉积相同质量的薄膜，RTCVD 所需的反应温度较高，但是反应时间短，在加工过程中利用温度作为反应的控制开关，可以避免长时间的加温和冷却，非常适合单片 PECVD 工艺使用。

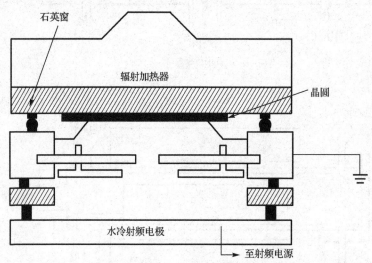

石英窗　　　辐射加热器　　　晶圆　　　水冷射频电极　　　至射频电源

图 7-18　单片的 PECVD 系统示意图

图 7-19 所示为多平板电极 PECVD 系统示意图。采用石墨电极，衬底放置在石墨电极之间，在石墨电极之间形成等离子体。衬底采用直立放置形式，可以有效地减少微粒附着形成的微粒污染，石墨组件采用整体装卸方式，操作起来相对烦琐。

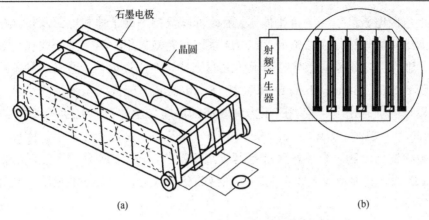

石墨电极

晶圆

射频产生器

(a)　　　　　　　　(b)

图 7-19　多平板电极 PECVD 系统

图 7-20 所示为一种管式 PECVD 系统示意图。调节加热器形成温度梯度，可以提高沉积薄膜的均匀度，通过脉冲控制等离子体，使新鲜的反应气体适时充入炉管，并抽去反应后的气体，也可以得到均匀度很高的薄膜。在反应室外加套石英外管，用以确保真空度，这样在清洗时取出内管即可，而且这种结构的 PECVD 系统比较清洁，不需要经常进行炉管清洗。

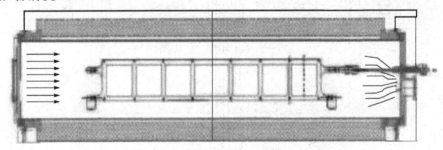

图 7-20　管式 PECVD 系统示意图

图 7-21 所示为由应用材料（Applied Materials）开发的另外一种 PECVD 系统，是一个承片台（Suspector）可以转动的 PECVD 系统。采用平板电极，通过射频源产生等离子体，等离子体将能量转移到反应气体，使反应气体可以在较低的温度下，在承片台上的衬底表面发生化学反应，从而形成所需要组分的薄膜。这种结构的 PECVD 系统，衬底放置在接地电极上，因此，可以尽可能地减少衬底表面受到高能量的离子轰击，因此，所形成的薄膜质量成分比较纯，薄膜厚度相对比较均匀。

PECVD 以 TEOS（Tetraethyl Orthosilicate 四乙基原硅酸盐）生长 SiO_2 时，内部掺入含有氟的物质就可以形成 SiOF 的低介电常数材料，此类材料非常符合 ULSI 的工艺要求。低介电常数的另外几种加工工艺包括旋转涂覆（Spin Coating）和气相沉积（Vapor Phase Deposition），还可以加工聚对二甲苯（Parylene）、铁氟龙（Teflon）等。

在 PECVD 系统中，电源电极和接地电极的电位相对于等离子体大致是相等的。射频调节电路通常采用电感（Inductor），将电源电极旁路（Shunt）到接地电极。通过接地可以阻止电源电极产生一个自我偏压，因此可以保持等离子体和电源及接地电极之间的电位差大致相等。平行板结构的 PECVD 系统的腔室采用石英、陶瓷或在金属壁上涂覆氧化铝，这样可以使腔室壁与等离子体之间维持一个漂浮电位。通过这种方式可以减少腔室壁受到轰击（Bombardment）和溅射（Sputtering），降低沉积薄膜的污染。PECVD 系统采用较低的功率密度、较高的压力和较高的基座（承片台）温度（>200℃），这样可以使 PECVD 比溅射（Sputtering Deposition）遭受的辐射伤害比较小。因此，如果需要对辐射敏感的化合物半导体衬底进行薄膜沉积工艺，PECVD 是一个比较好的选择。但是 PECVD 相比其他薄膜沉积工艺，存在薄膜化学成分比例不好的缺陷，在选择工艺时需要进行综合考虑。

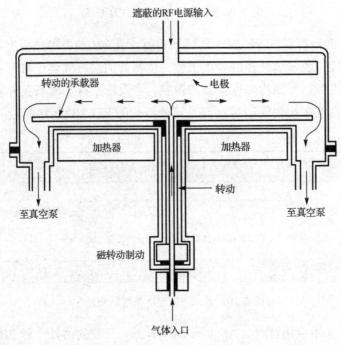

图 7-21　由应用材料开发的承片台可以转动的 PECVD 系统示意图

在金属上进行 SiO_2 或 Si_3N_4 时，必须使用 PECVD 才能得到比较好的热稳定性。PECVD 的其他优点是薄膜与衬底材料的粘附性比较好，针孔密度小，台阶覆盖率比较好，与精细线条转移工艺兼容性较好，比较适合 VLSI 工艺的应用。

除了以上介绍的一些常见的 CVD 工艺技术以外，近年来又发展了许多更加先进的 CVD 工艺技术。在这里进行简要介绍。

MOCVD（Metal Organic Chemical Vapor Deposition）是日常生产实践中经常使用的一种新型气相外延技术。这种技术是在气相外延（Vapor Phase Epitaxy，VPE）技术基础上发展起来的一种新型气相外延技术。MOCVD 可以替代卤素气体单晶生产。MOCVD 是以Ⅲ族、Ⅱ族元素的有机化合物和Ⅴ、Ⅵ族元素的氢化物等作为晶体生长源材料，以热分解反应方式在衬底上进行气相外延，生长各种Ⅲ-Ⅴ族、Ⅱ-Ⅵ族化合物半导体及它们的多元固溶体的薄层单晶材料。通常，MOCVD 系统中的晶体生长都是在常压或低压（10～100Torr）下，在通 H_2 的冷壁石英（不锈钢）反应室中进行的，衬底温度为 500℃～1200℃，用射频感应加热石墨基座（衬底基片在石墨基座上方），H_2 通过温度可控的液体源鼓泡携带金属有机物到生长区。图 7-22 所示为一个 MOCVD 系统示意图。

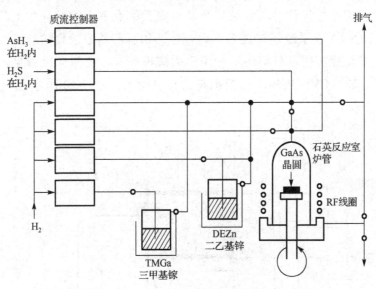

图 7-22　生长 AlGaAs 的 MOCVD 系统示意图

生长 AlGaAs 时，使用三甲基镓或三乙烷基镓用以提供镓，三甲基铝用以提供铝，氢化砷用以提供砷。二乙基锌做 P 型掺杂用，利用氢气作为载体，加温方式采用辐射或感应加热砷化镓衬底。

MOCVD 也可以用来制造铁电介质层。MOCVD 经常使用液体源材料，源材料的输入控制通过流量计进行。液体源材料的使用避免了蒸气压对流对源材料输入质量的影响。源材料不需要加温，因此化学特性不会发生变化。液体源输入后仍然需要进行蒸气化处理，所以要使用加热气化装置进行对液体源的气化。在高真空工艺腔室，在液体专用的注入口要采用假装口孔的方式来抑制液体源在流量控制器内的沸腾。

因为 MOCVD 生长使用的液体源通常是易燃、易爆且毒性很大的物质，并且要生长多组分、大面积、薄层和超薄层异质材料，因此在 MOCVD 系统的设计思想上，通常要考虑系统密封性，流量、温度控制要精确，组分变换要迅速，系统要紧凑等。

MOCVD 的优点是这种工艺的适用范围广泛，几乎可以生长所有化合物及合金半导体；非常适用于生长各种异质结构材料；可以生长超薄外延层，并能获得很陡的界面过渡；生长易于控制且可以生长纯度很高的材料；外延层大面积均匀性良好；可以在大规模生产中应用。

电子回旋共振（Electron Cyclotron Resonance，ECR），ECRCVD 系统是利用微波作为电源供应，产生大量的电子，经波导管配以磁线圈用来产生高密度的等离子体。

ECRCVD 要求的真空度远远高于 PECVD 系统，但是功率却比 PECVD 系统低。因为 ECRCVD 系统的离子能量低，可以用这种系统加工高品质、低缺陷密度的薄膜，而且 ECRCVD 系统的沉积速率也远大于 PECVD 系统。ECRCVD 系统的吸引力在于不需要利用加热来产生电子束，因此，等离子体的电位较低，所以由等离子体对反应腔室壁产生的溅射几乎可以忽略不计，电离度高，在低压下就可以分解气体为离子，能量损失小，对活性及腐蚀性气体源的需求工艺具有很大的竞争力，而且在工艺操作时的稳定性也很强。ECRCVD 系统还有很多问题存在，如沉积薄膜的均匀性不好、高能离子对衬底表面的损伤等，所以目前还不能用于大规模量产。但是可以预见，随着科学技术的不断发展，ECRCVD 应用于量产也是指日可待的。图 7-23 所示为一个 ECRCVD 系统的示意图。

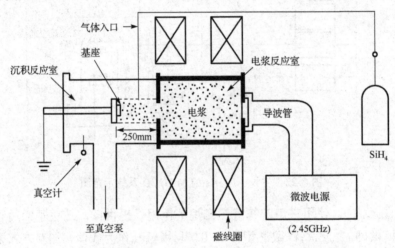

图 7-23　ECRCVD 系统的示意图

光引发的化学气相沉积（PHoto CVD，PHCVD）适合极低温的沉积薄膜工艺。PHCVD 利用高能量、高强度的光子来加热衬底表面并激活气相反应物。利用汞蒸气在室温下就可以发生反应，所生产的薄膜缺陷密度低。利用红外灯也可以进行反应。这种系统可以沉积二氧化硅、氮化硅和多晶硅的沉积。

超高真空 CVD（Ultra High Vacuum CVD，UHVCVD）是使反应腔室内的真空达到 10^{-9}Torr 或以上，使反应气体具有极低的杂质浓度，可以利用这种技术沉积多晶硅、多晶锗硅或制作薄膜电晶体 TFT（Thin Film Transistor）和光导体（Photo Conductor）。

混合激发 CVD（Hybrid CVD）系统利用感应耦合辉光放电管产生等离子体协助直接光分解，并利用光增强 CVD 系统，可以沉积氮化硅薄膜。

其他的一些 CVD 系统，如太阳能电池所使用的 SPRAY PYROLYSIS CVD 系统和聚焦电子束 CVD 系统，因为应用得较少并且范围较窄，这里不再详细介绍，希望了解这两种 CVD 系统的读者可以自行查阅相关资料。

7.5　CVD 系统的模型及基本理论

CVD 化学气相沉积无论采用何种系统、何种激发方式，其基本步骤如下。

（1）反应剂气体以合理的流速被输送到反应腔室内，气流从入口进入到反应腔室，并以平流的方式向出口流动，平流区的气体流速通过控制保持不变，这也是 CVD 反应的主气流区，如图 7-24 所示。

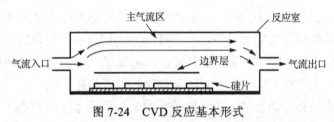

图 7-24　CVD 反应基本形式

（2）反应剂从主气流区以扩散方式通过边界层到达衬底表面，边界层是主气流区与衬底表面之间气流速度受到扰动的气体薄层。

（3）反应剂被吸附在衬底表面，称为吸附原子或吸附分子。

（4）吸附原子或吸附分子在衬底表面发生化学反应，生成薄膜的基本元素，不断累加后沉积成所需要的薄膜。

（5）化学反应的气态副产物和未反应的反应剂在气体的带动下离开衬底表面，进入主气流区被带到出口排出反应系统。

然而，实际上，反应室中的反应是很复杂的，有很多必须考虑的因素，沉积参数的变化范围是很宽的（如图 7-24 所示气体通过衬底的路程）：反应室内的压力、衬底的温度、气体的流动速率、气体通过衬底的路程、气体的化学成分、一种气体相对另一种气体的比率、反应的中间产品起的作用，以及是否需要其他反应室外的外部能量来源加速或诱发想得到的反应等。额外能量来源，如等离子体能量，会产生一些新变数，如离子与中性气流的比率、离子能和晶片上的射频偏压等。然后，考虑沉积薄膜中的变量，如整个衬底内厚度的均匀性和图形上的覆盖特性（后者指跨图形台阶的覆盖）、薄膜的化学配比（化学成分和分布状态）、结晶晶向和缺陷密度等。当然，沉积速率也是一个重要的因素，因为它决定着反应室的产出量，高的沉积速率常常要和薄膜的高质量折中考虑。反应生成的膜不仅会沉积在衬底上，也会沉积在反应室的其他部件上，对反应室进行清洗的次数和彻底程度也是很重要的。

要完成 CVD 薄膜沉积的化学反应，在整个系统中还必须满足以下一些条件：

（1）要满足气体发生反应形成薄膜的温度；

（2）在沉积温度下，反应剂还必须有足够的蒸气压；

（3）除需要形成的反应物沉积在衬底形成薄膜以外，在整个反应过程中所形成的其他副产物必须是挥发性的气体；

（4）沉积所形成的薄膜本身必须具有足够低的蒸气压，以确保形成的薄膜能始终留在衬底表面；

（5）沉积工艺中的温度不足以对工艺前的结果产生影响；

（6）不允许产生的副产物进入衬底薄膜中；

（7）CVD 的化学反应应该在衬底表面发生。

只有满足上述的一些基本条件，才能确保 CVD 工艺过程中所形成薄膜的质量，如薄膜的厚度均匀性、薄膜附着性、缺陷密度及薄膜沉积速率等工艺参数的要求。

在采用 CVD 工艺沉积薄膜时，在工艺腔室中气体的流动力学是非常重要的，因为这种流动力学关系到反应剂输运（转移）到衬底表面的速率，与腔室内气体温度梯度分布有直接关系。而腔室内温度梯度的分布直接影响薄膜沉积的速率及所沉积薄膜的厚度均匀性及致密性。由于在 CVD 系统中反应室内的气压相对很高，所以可以近似地认为反应腔室内的气体是有粘滞性的，即气体的平均自由程远小于反应腔室内的尺寸，这时就可以近似地认为，这样的气体流动方式为粘滞性流动气体。由于气体本身的粘滞性，当气流流过一个静止的固体表面时，那么衬底表面与腔室侧壁就会存在一定的摩擦力。于是在靠近衬底表面附近就存在一个气流速度受到扰动的薄层，在此薄层内气流速度变化很大，在垂直气流方向存在着较大的气体流速梯度。

在靠近衬底表面的反应剂浓度会因为发生化学反应而降低，也就是说，在气流速度受到气体扰动影响的薄层内，沿垂直气流方向还存在着反应剂浓度梯度。在气流中存在反应剂浓度梯度时，反应剂将以扩散的形式从高浓度区向低浓度区运动。这个扩散速度受到扰动并按抛物线型变化，同时还存在反应剂浓度梯度的薄层称为边界层或滞留层，如图 7-24 所示。

CVD 工艺主要受两步工艺过程的控制：气体输运过程和衬底表面的化学反应过程。根据这两个工艺过程，1966 年，Grove 建立了简单的 CVD 模型。Grove 模型认为控制 CVD 工艺沉积速率的两个重要环节是：反应剂在边界层中的输运过程和反应剂在衬底表面的化学反应过程，如图 7-25 所示。

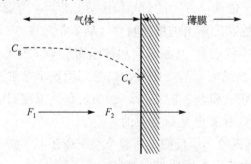

图 7-25　简单的 Grove 模型

在这个模型中，反应物所产生的副产物离开衬底表面过程对边界层气体流速和反应剂扩散速度的影响没有详细考虑，但是这个模型所描述的 CVD 薄膜沉积的基本原理对

于不同的反应气体基本都适用。从这个基本模型中，可以得到一些薄膜沉积速率的基本
结论：当薄膜沉积速率是由表面化学反应速率控制时，那么薄膜的沉积速率就对温度的
变化非常敏感，表面化学反应速率随着温度的升高而呈指数增加。对于一个确定的表面
反应，当温度升高到一定程度时，由于反应速度的加快，输运到表面的反应剂数量低于
该温度下表面化学反应所需要的数量，这时的沉积速率将转为由质量输运控制而不再随
温度的变化而变化。综上所述，在高温情况下，薄膜沉积速率通常为质量输运控制，而
在较低温度情况下，薄膜沉积速率被表面化学反应控制。在实际的 CVD 工艺中，控制
CVD 薄膜沉积速率的机制发生改变的温度依赖于反应激活能和反应室内的气流情况，
这也是不同 CVD 工艺系统进行薄膜沉积工艺控制的一个基本原理。

　　Grove 模型是一个简化模型，因为它忽略了反应产物的流速对边界层内气体流速和
衬底表面化学反应速度的影响，并且基本认为表面化学反应速度为线性的。同时，这个
模型忽略了温度梯度对气相物质输运的影响。尽管如此，通过 Grove 模型还是可以对
CVD 工艺系统进行一些相关的工艺控制的。在受表面化学反应速度控制的 CVD 工艺中，
温度是一个重要的参数。在这种情况下，统一的沉积速率就需要一个恒定的反应速率，
也就意味着在衬底表面各处必须保持恒定的温度，因此在这种 CVD 工艺系统中，温度
的控制就成为一个重要指标。在由质量输运控制的 CVD 系统中，对温度的控制不再那
么严格，因为控制薄膜沉积速率是质量输运过程，而质量输运过程对温度的依赖性非常
小。而各衬底所有位置的反应剂浓度的一致性就变得非常重要，因此在薄膜沉积过程中，
应该严格控制到达衬底表面的反应剂浓度，如果想要在每个衬底上沉积相同厚度的薄
膜，必须保证各衬底表面有相同的反应剂浓度。

7.6　CVD 工艺系统简介

　　在前面已经简单介绍了 CVD 系统的分类，在当前的 ULSI 工艺中已经发展了多种
CVD 技术，可以按照沉积温度、反应腔室内部压力、反应腔室器壁的温度、沉积反应
的激活能等方式对 CVD 工艺进行分类。

　　CVD 反应腔室通常都是开流系统。气体流入反应腔室，携带反应剂或者被稀释的
反应剂，由反应腔室的进气口进入反应腔室内，进行完反应后所剩余的反应剂、稀释气
体、携带气体和反应的副产物等再通过反应腔室的出气口排出。一个完整的 CVD 系统
通常包含如下子系统：

　　①气态源或液态源；
　　②气体输入管道；
　　③气体流量控制系统；
　　④反应腔室；
　　⑤衬底加热系统；
　　⑥温度控制及测量系统。

其中，LPCVD 和 PECVD 工艺还包括减压系统。下面简要介绍 CVD 系统中的一些子系统。

7.6.1　CVD 的气体源系统

在 CVD 工艺过程中，可以使用气态源，也可以使用液态源。早期的 CVD 主要使用的是室温下的已经气化的气态源，并由质量流量计精确控制反应剂进入反应室的速度。但是目前气态源正在被液态源逐渐取代。使用液态源比气态源有许多好处。CVD 系统中使用的工艺气体大多数是有毒、易燃和腐蚀性气体，一旦泄露，将会造成很大的危害，而且气体的扩散速度极快，在安全方面存在很大的隐患，而使用常温下为液态的液态源，可控性相对要强很多，安全系数也更高，因为液体在发生泄露事故中，产生致命的超剂量的危险性要小很多，同时，液体在发生泄露时的扩散范围是有限的，并且在多数情况下没有烟雾状的有毒气体（氯化物液态源除外）。这是从工艺安全角度考虑的，液态源逐渐取代气态源。而如果工艺质量方面来考虑，液态源沉积的薄膜相对于气态源沉积的薄膜具有更好的薄膜特性。

液态源需要经过气化后进入到反应腔室内进行工艺反应。液态源进入到工艺腔室内是蒸气状态，这就要有两步工艺来实现。第一步是要将液态源气化，另外就是将气化的液态源输送到反应腔室内。普遍采用的液态源输送方式就是冒泡法。冒泡法是通过控制携带气体的流速和液态源的温度，间接控制进入到反应腔室内的反应剂浓度。冒泡法的缺点是如果在低气压状态下输送反应剂，在液态源和反应腔室之间反应剂容易发生凝聚现象，所以输送管道必须进行加热，防止反应剂在管道侧壁发生凝聚现象。

目前对冒泡法输送系统已经有了很大的改进，从而确保进入到反应室内的液态源浓度的精确度。一种是对液态源直接进行气化，通过加热的输送管道直接进入到反应腔室；另外一种是将液态源直接注入气化腔室内，在气化室内直接气化后，进入到反应腔室内，这种方法对蒸气压与温度的变化比较敏感的反应剂，或者在加热下容易分解的反应剂非常适用。这些改进的系统相比传统的冒泡法具有更洁净、更高效和更可靠的特点。

7.6.2　CVD 的质量流量控制系统

在 CVD 系统中，对进入到反应腔室内的气体流速是要精确控制的。在实际应用中，普遍采用的控制方法是直接控制气流流量，也就是通过控制质量流量，控制系统以实现对气体流速实现精确控制。质量流量计是质量流量系统的最核心的控制部件，质量流量计直接测量通过流量计的介质的质量流量，还可测量介质的密度及间接测量介质的温度。由于变送器是以单片机为核心的智能仪表，因此可根据上述三个基本量而导出十几种参数供用户使用。质量流量计组态灵活，功能强大，性价比高，是新一代流量仪表。

质量流量计采用感热式测量，通过分体分子带走的分子质量多少来测量流量，因为是用感热式测量，所以不会因为气体温度、压力的变化从而影响测量的结果。质量流量计是一个较为准确、快速、可靠、高效、稳定、灵活的流量测量仪表，在石油加工、化工等领域都得到了广泛的应用。质量流量控制器在检测的同时又可以进行控制的仪表。质量流量控制器本身除了测量部分，还带有一个电磁调节阀或者压电阀，这样质量流量控制本身构成一个闭环系统，用于控制流体的质量流量。

7.6.3　CVD 反应腔室内的热源

所有的 CVD 反应都是在高于室温的环境下进行的。当放置衬底基座的温度等于反应腔室侧壁的温度时，这个系统就称为热壁式 CVD 系统，当侧壁温度低于基座温度时，称为冷壁式 CVD 系统。实际上，即使在冷壁系统中，侧壁温度仍然高于室温。在一些冷壁系统中，因受加热系统的影响，反应腔室侧壁的温度也可能达到较高温度，为此需要对侧壁进行冷却。虽然在冷壁系统中反应腔室侧壁的温度也会达到较高的温度，但是毕竟还不是特别高，因此，冷壁系统能降低在侧壁上的薄膜沉积，降低了侧壁上颗粒因剥离对沉积薄膜质量的影响，也减少了反应剂的损耗。

在 CVD 系统中，有多种加热方法可获得需要的工艺温度。第一类是电阻丝加热法。将电阻丝缠绕在反应炉管的外侧形成热壁系统，CVD 反应过程有表面反应速度控制，因此必须对温度进行精确控制。当采用电阻加热法仅对衬底基座加热时，衬底的温度高于侧壁温度，形成冷壁系统。另外，比较常用的加热方式就是采用电感加热或高能辐射灯进行加热。这种加热方式是直接加热基座和衬底，是一种冷壁系统。热壁系统和冷壁系统各有优缺点，在选择工艺时，要根据不同的需求进行选择。

本 章 小 结

CVD 技术具有沉积温度低、薄膜成分与厚度易于控制、膜厚与沉积时间成正比、均匀性与重复性较好、台阶覆盖优良、操作简便、适用范围广泛等一系列特点。较低的沉积温度与良好的台阶覆盖率对 VLSI 的浅结与多层化要求来讲是非常有利的，因此，CVD 技术已经成为制造 VLSI 不可或缺的关键工艺。利用这种工艺几乎可以沉积符合 VLSI 要求的任何薄膜。如作为 MOS 电路栅极余互连材料的多晶硅或金属、作为平面氧化掩膜的氮化硅、作为增厚氧化层的不掺杂二氧化硅与掺杂二氧化硅等。对同一种薄膜的性能要求应根据这种薄膜在器件中所起的功能不同而采用不同的工艺。薄膜的性能与生长工艺相关，因此，具体选择何种薄膜沉积工艺要根据薄膜的功能而定。

习 题

1. 什么叫做 CVD 工艺？与 PVD 工艺的区别是什么？
2. 按照沉积温度分类，可以将 CVD 工艺分为哪几类？

3．按照沉积压力分类，可以将 CVD 工艺分为哪几类？

4．按照反应壁温度分类，可以将 CVD 工艺分为哪几类？

5．按照反应激活方式分类，可以将 CVD 工艺分为哪几类？

6．APCVD 主要应用是什么？

7．LPCVD 的特点是什么？

8．LPCVD 工艺的一般工艺流程是什么？

9．为什么在集成电路工艺中经常采用 LPCVD 工艺？

10．什么叫做 PECVD？它有什么特点？

11．简述 PECVD 的基本结构及工作原理。

12．PECVD 工艺与其他薄膜技术相比具有哪些优点？

13．MOCVD 的主要应用领域是什么？

14．简述 ECRCVD 和 PHCVD 的定义。

15．简述 CVD 工艺的基本步骤。

16．要完成 CVD 薄膜沉积的化学反应，在整个系统中还必须满足哪些条件？

17．控制 CVD 工艺过程是哪两步工艺？

18．一个完整的 CVD 系统通常包含哪些子系统？

第8章 其他半导体薄膜加工技术简介

学习目标

通过本章的学习，将了解和掌握：

（1）半导体薄膜工艺中的一些其他工艺技术；

（2）外延技术；

（3）离子镀和离子束沉积技术；

（4）电镀工艺；

（5）化学镀工艺；

（6）旋涂（Spin-coating）基本工艺流程；

（7）溶胶-凝胶法（Slo-Gel）。

在集成电路（IC）加工工艺中，除了前面介绍的 PVD 和 CVD 范畴的薄膜加工工艺以外，还有一些其他的重要薄膜加工工艺，如外延、电镀、Spin-coating 等。在本章，将对在当今的 IC 工艺中所用到的其他薄膜工艺进行简要介绍。

8.1 外 延 技 术

外延技术发展于 20 世纪 50 年代末 60 年代初。外延（Epitaxy，Epi）是指在单晶衬底上生长一层与衬底具有相同晶格排列的单晶材料。外延层可以是同质外延层（Si/Si），也可以是异质外延层（SiGe/Si 或 SiC/Si 等）。实现外延生长的方法有很多种，包括分子束外延（MBE）、常压及减压外延（ATM&RP Epi）等。下面分别对常用的外延技术进行介绍。

8.1.1 分子束外延（MBE）

分子束外延（Molecular Beam Epitaxy，MBE）是一种在晶体衬底上生长高质量的晶体薄膜的新技术。分子束外延是新发展起来的外延工艺，也是一种特殊的真空镀膜工艺。分子束外延不仅可以用来制备现有的大部分器件，而且可以制备其他工艺方法难以实现的许多新的器件，如制备超晶格结构、电子迁移率晶体管和多量子阱型激光二极管等。分子束外延这种技术的优点是使用的衬底温度低，膜层生长速率慢，束流强度易于精确控制，膜层组分和掺杂浓度可以跟随源的变化而迅速调整。利用 MBE 这种工艺，目前已经可以制备薄到几十个原子层的单晶薄膜，以及交替生长不同组分、不同掺杂的薄膜而形成的超薄层量子显微结构材料。

　　MBE 是一种在超高真空下的蒸发技术。它是利用蒸发源提供的定向分子束或原子束，撞击清洁的衬底表面上生成外延层的工艺过程。MBE 目前已经广泛应用到元素半导体、Ⅲ-Ⅴ族、Ⅱ-Ⅳ族化合物半导体及有关合金、多种金属和氧化物的单晶生长。MBE 的特点如下。

　　（1）MBE 的生长速率极慢，大约 1μm/h，大致相当于每秒生长一个单原子层，因此有利于实现精确控制厚度、结构与成分和形成陡峭的异质结构，因此 MBE 特别适合生长超晶格材料；低生长速度给分（原）子提供足够的时间在衬底表面运动，为进入到晶格位置、生成高质量的晶体结构创造了条件，每秒一个原子层的低生长速度可以使控制精确度更高。

　　（2）MBE 的生长温度较低，较低的生长温度可以减少系统中各元件放气所导致的污染，降低了扩散效应、自掺杂效应的影响，也降低了外延层生长过程中衬底杂质的再分布及热缺陷的产生。可以精确控制层厚、界面，层与层之间可以不存在过渡区。

　　（3）MBE 是在超高真空的设备中进行的，在生长过程中可以避免沾污，外延层的质量很高，同时 MBE 生长设备中监控薄膜质量的仪器非常完整，可以随时监控外延层的生长状况，有利于科学研究。

　　（4）MBE 可以生长普通热平衡方法难以生长的薄膜，因为 MBE 是一个动力学过程，它是将入射的中性粒子一个一个堆积在衬底上进行生长的。

　　（5）MBE 生长的薄膜可以任意调节薄膜的组分和掺杂浓度。

　　（6）MBE 是在低温下进行薄膜生长的，并且生长速率极慢，可以在大面积上得到均匀的外延薄膜，并且厚度精确可控。

　　MBE 还存在以下一些问题：

　　（1）MBE 的生长速度缓慢，目前还不适用于大规模生产；

　　（2）MBE 生长的薄膜表面缺陷密度相对过大；

　　（3）MBE 生长过程中的观察系统易受到蒸发分子的污染，使性能劣化，而且观察系统本身也成为残余气体的发生源，对薄膜质量存在影响；

　　（4）难于控制混晶系和四元化合物的组成。

　　MBE 是在改进真空蒸发工艺的基础上发展起来的，并且首次在 GaAs 外延生长中获得成功。MBE 设备的特点是结构复杂、配置齐全，主要由超高真空系统、外延生长系统、测量监控系统等组成。MBE 是在极高的真空状态下，以一种或多种原子束或分子束在衬底表面反应而生成所需要的薄膜。MBE 可以做到精密控制化学组分及掺杂原子或分子的轮廓分布。MBE 可以生长单晶多层结构，与其他的一般蒸发工艺相比具有更高的真空，工艺过程也相对比较安全。图 8-1 所示为一个 MBE 系统的概略图。

　　MBE 属于 PVD 范畴的物理沉积单晶薄膜方法。这种工艺是在超高真空腔内，源材料通过高温蒸发、辉光放电离子化、气体裂解、电子束加热蒸发等方法，产生分子束流。入射分子束与衬底交换能量后，经表面吸附、迁移、成核和生长成膜。生长系统配备多种监控设备，可对生长过程中衬底温度、生长速度、成分等进行瞬时测量分析。对表面凹凸起伏、原子覆盖率、黏附系数、蒸发系数及表面扩散距离等薄膜生长过程中的细节进行精确监控。

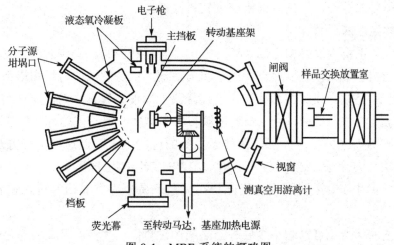

图 8-1　MBE 系统的概略图

MBE 作为成熟技术，由于生长环境洁净、温度低，具有精确的实时监控系统，晶体完整性好，组分与厚度均匀准确，是良好的光电薄膜和半导体薄膜生长工具，目前已经应用到微波器件和光电器件的制造中。但由于 MBE 设备昂贵而且需要超高真空，所以要获得超高真空及避免工艺中的杂质污染，就需要大量的日常维护费用，因此也限制了 MBE 在大规模工业生产中的应用。MBE 可以对半导体异质结进行选择性掺杂，大大扩展了掺杂半导体所能达到的性能和现象范围，但同样，高性能的实现对设备提出了更高的要求，如何控制晶体生长参数是目前 MBE 设备的技术难题之一。

MBE 作为一种高级真空蒸发技术，因其在材料化学组分和生长速率控制等方面的优越性，非常适用于各种化合物半导体及其合金材料的同质结和异质结外延生长。近年来，随着器件性能要求的不断提高，器件设计正在向着尺寸微型化、结构新颖化、空间低维化、能量量子化的方向发展。为了满足这些要求，随着 MBE 技术的不断发展，出现了迁移增强外延技术（MEE）和气源分子束外延技术（GS-MEE），MBE 的未来发展趋势就是进一步发展和完善 MEE 和 GS-MEE 技术。这些新技术的出现和发展，对半导体材料科学的推进作用是巨大的，半导体材料科学是微电子技术、光电子技术、超导电子技术及真空电子技术的基础。

8.1.2　液相外延（LPE）

液相外延（Liquid Phase Epitaxy，LPE）技术是指从溶液中析出固相物质并沉积在衬底上生成单晶薄膜的一种工艺方法。液相外延技术广泛应用于电子器件的生产中。

液相外延与其他外延技术相比，具有如下优点：

（1）生长设备简单；

（2）有较高的生长速率；

（3）掺杂剂选择范围大；

（4）晶体完整性好，外延层位错密度较衬底低；

（5）晶体纯度高；

（6）在生长系统中没有剧毒或强腐蚀性的源材料和产物，操作简单、安全。

液相外延的基本原理是以熔点低的金属为溶剂，以待生长的材料和掺杂剂为溶质，使溶质在溶剂中呈饱和或过饱和状态。通过降温冷却使石墨舟中的溶质从溶剂中析出，在单晶衬底上定向生长薄膜。所生长的薄膜材料和衬底材料相同的称为同质外延，与衬底材料不相同的则称为异质外延。在外延生长的过程中，可以通过 4 种方法进行溶液冷却：平衡法、突冷法、过冷法和两相法。LPE 广泛应用于Ⅲ-Ⅴ族（GaAs，InP）族化合物半导体的生长，主要是因为化合物在高温下易分解，而 LPE 可以在较低的温度下完成。

LPE 工艺的优点是可以缩小多层外延之间的过渡区，改善电阻率的均匀性，较小延层图形的漂移和畸变。LPE 的不足之处在于当外延层与衬底晶格常数差大于 1%时，不能进行很好的外延生长。其次，由于分凝系数的不同，除生长很薄的外延层外，在生长方向上控制掺杂和多元化合物组合均匀性遇到困难，另外，LPE 的外延层表面一般不如气相外延表面质量好。

8.1.3　气相外延（VPE）

气相外延（Vapor Phase Epitaxy，VPE）是一种单晶薄层生长方法。从广义上来讲，VPE 是 CVD 的一种特殊方式，它生长薄层的晶体结构是单晶衬底的延续，并且与衬底的晶向保持对应的关系。气相外延就是在气相状态下，将半导体材料沉积在单晶衬底上，并使沉积的半导体材料沿着单晶衬底的结晶轴方向生长出一层厚度和电阻率合乎要求的单晶层。

VPE 的特点如下：

（1）外延生长温度高，生长时间长，可以生长较厚的外延层；

（2）在外延生长过程中，可以任意改变杂质浓度和导电类型。

在半导体科学技术的发展中，气相外延发挥了重要作用，典型代表是 Si 气相外延和 GaAs 及固溶体气相外延。Si 气相外延是以高纯氢气作为输运和还原气体的，在化学反应后生成 Si 原子并沉积在衬底上，生长出晶体取向与衬底相同的 Si 单晶外延层，该技术已广泛用于 Si 半导体器件和集成电路的工业化生产。GaAs 气相外延通常有两种方法：氯化物法和氢化物法。该技术工艺设备简单、生长的 GaAs 纯度高、电学特性好，已广泛地应用于霍尔器件、耿氏二极管、场效应晶体管等微波器件中。

典型的外延设备一般由以下几部分组成：气体分布系统、反应炉管、支撑并加热衬底的基座、控制系统和尾气系统。图 8-2 所示为几种常见的硅气相外延装置。

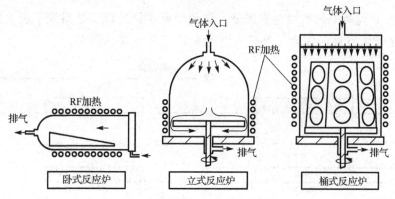

图 8-2　常见的硅气相外延装置

VPE 的作用如下：

（1）提高硅材料的完美性；

（2）提高器件集成度；

（3）提高少子的寿命，减少存储单元的漏电流；

（4）提高电路的响应速度，改变电路的功率特性及频路特性；

（5）实现多种材质的多种薄膜外延。

8.1.4　选择外延（SEG）

选择外延（Selective Epitaxial Growth，SEG）是指利用外延生长的基本原理，以及硅在绝缘体上很难核化成膜的特性，在硅表面的特定区域生长外延层而其他区域不生长的技术。SEG 最早是用来改进器件的隔离方法，代替 LOCOS 技术、接触孔平坦化及许多重要器件要求在特定区域进行外延而发展起来的一种工艺。

SEG 可以分为三种类型：一种是以二氧化硅或氮化硅作为掩膜，利用光刻工艺开出窗口，在暴露出硅的部分进行外延生长；第二种是同样利用硅基作为衬底，同样以二氧化硅或氮化硅作为窗口，利用二次光刻在暴露出的硅衬底上进行外延生长；第三种是在没有掩膜的硅基衬底的凹陷处进行外延生长，即沟槽外延生长。这三种外延方式各有优点和缺点。当在窗口进行选择外延时，窗口边缘生长速率快并且不规则，导致边缘生长封口后窗口内出现空隙，可以利用降低生长速率的方法进行控制；第二种方法与第一种方法类似，不过由于进行了多次开窗口而过程更为复杂；第三种类型的 SEG 在衬底的凹槽处进行外延生长，回填凹槽处形成一个平整的衬底表面。

区别于上述三种 SEG 工艺，还有一种类型的 SEG 工艺，即通常所谓的横向超速外延（ELO），即当选择外延生长的薄膜超过二氧化硅的台阶高度时，外延不但继续垂直生长，而且也沿着横向生长。横向生长与纵向生长的速率之比取决于窗口或台阶的高度及衬底的晶向。ELO 生长的 SOI 如图 8-3 所示。

外延技术还包括硅烷热分解技术、SOI 异质外延技术、低压外延技术等，这些外延技术广泛地应用于 CMOS 集成电路工艺中。随着 ULSI 的迅猛发展，对外延层的厚度要求越来越薄，结构缺陷的密度越来越低，这两个要求给外延工艺带来了极大的挑战，为了适应 ULSI 技术发展的需要，外延工艺还应该不断完善和提高。

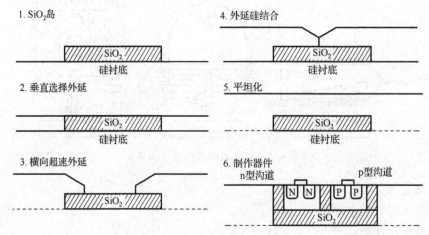

图 8-3　ELO 生长 SOI 结构示意图

8.2　离子束沉积和离子镀

离子束沉积（Ion Beam Deposition，IBD）技术是利用离化的粒子作为蒸镀物质，在比较低的衬底温度下能形成具有优良特性的薄膜。近年来，随着离子束沉积技术的不断发展，离子束沉积技术的应用已经越来越引起人们的重视，特别是在电子工业应用领域，在以超大规模集成电路（VLSI）元件为开端的各种薄膜器件的加工制造中，要求各种不同类型的薄膜具有良好的控制性，因此对薄膜沉积技术提出了更高的要求。

在材料加工、机械工业的各个领域，对工件表面进行特殊的镀膜处理，可以大大提高制品的使用寿命和使用价值，因此镀膜技术在材料加工和机械工业的各个领域的应用非常广泛和重要。离子束沉积技术可以通过对电气参数的精确控制，方便地控制离子，进而能精确控制离子束沉积技术所形成薄膜的特性，这是离子束沉积技术和离子镀技术相对其他薄膜技术的一个非常独特的特点。在微电子技术飞速发展的今天，离子束沉积技术和离子镀技术在所有的薄膜加工技术中具有很大的吸引力，也是被广泛应用的一种独特的薄膜加工技术。

离子束沉积技术是在磁控溅射技术之后发展起来的。图 8-4 所示为离子束溅射薄膜沉积装置示意图。

离子束沉积技术的基本原理是利用能产生一定束流强度、一定能量的离子枪产生 Ar 离子流。利用离子枪发射的离子束轰击靶材并使靶材溅射出表层原子，表层原子在低温衬底上沉积就可以形成所需要的薄膜。

目前常见的离子束沉积技术主要有以下几类：直接引出式（非质量分离式）离子束沉积、质量分离式离子束沉积、部分离化沉积（通常称这种沉积技术为离子镀）、簇团离子束沉积和离子束溅射沉积。在所有的离子束沉积方法中，可以调节的参数主要包括：入射离子的种类、入射离子的能量、离子电流的大小、入射角、离子束的束径、沉积粒子中离子成分百分比、衬底温度及工艺腔室的真空度等。

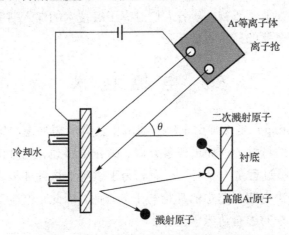

图 8-4 离子束溅射薄膜沉积装置示意图

在进行离子束沉积薄膜之前，往往采用辅助离子源直接轰击衬底，把衬底表面的杂质和污染物刻蚀掉，从而达到清洗的作用（通常称为反溅射）。离子束沉积薄膜的优点是溅射过程是可以控制的，离子能量和入射角度都可以调节和控制，并且衬底不受离子从靶材表面反射而引起辐射损伤。利用高能离子流溅射出的膜材料离子能量高，有利于薄膜结构的生成，离子源可控性强。因此，离子束沉积法制备的薄膜具有良好的附着性、良好的稳定性和重复性，可以保证成膜的质量致密、膜厚均匀且易于控制。

离子束沉积法是利用离化的粒子作为蒸镀物质，在比较低的衬底温度下能形成具有优良特性的薄膜。通过对电气参数的控制，可以很方便地控制离子，进而很方便地改变或提高薄膜的特点，这是离子束沉积技术独特的优点，因此，离子束沉积法是非常具有吸引力的薄膜沉积技术。我们知道，当金属离子照射固体表面时，根据入射离子能量的大小不同会引发三种不同的现象：当入射离子的能量 $E \leqslant 500eV$ 时会产生沉积现象；当入射能量 $E \geqslant 500eV$ 时发生溅射（绝大多数金属材料的溅射阈值为 $10 \sim 30eV$）；当 $E \geqslant 500eV$ 时，能量已经足够大，将会产生离子注入现象。所以，需要精确控制入射离子的能量，而使照射的金属离子附着在固体表面（衬底）形成薄膜，离子的动能越小，附着的概率越大，从而可以获得较高的沉积速率。

在离子束沉积和离子镀技术中，除了离子及其相应物质的固有特性外，离子的动能、动量、电荷等都会在整个工艺过程中对衬底表面的质量产生影响。因此，离子束沉积和离子镀技术相对传统的薄膜沉积技术具有很多不同的特征。如果采用具有很大动量的离子照射衬底表面，不仅会引起衬底原子的溅射，而且能使衬底近表面的离子发生离位而产生缺陷，这些离位和缺陷可以作为晶体生长所必需的成核位置。由于离子的轰击也会促进表面原子的扩散，所以成膜的条件相比传统的成膜方法就更容易实现。特别是在簇团离子束沉积中，沉积粒子更容易在衬底表面移动，成膜质量也就更高。离子镀由于具有沉积速度快、被镀材料范围广、附着性良好、绕射性好、镀膜致密能提高衬底的疲劳寿命和能使衬底材料表面合金化等特点，并且由于湿式电镀对环境的污染等原因，发达国家对离子镀的发展都非常重视，随着人们对离子镀技术的深入研究，离子镀技术必将成为金属材料表面合金化的一种重要手段。

8.3　电　镀　技　术

电镀（Electroplating）是一种用电解方法沉积具有所需形态的镀层的过程。电镀的目的一般是改变表面的特性，以提供改善外观、耐介质腐蚀、抗磨损及其他特殊性能或这些性能的综合。电镀过程是一个复杂过程，为了达到上述性能要求，往往需要综合各学科知识才能妥善解决电镀工艺中的理论与工艺难题，因此，电镀工艺是各学科之间相互渗透的一门非常复杂的综合边缘学科。

电镀就是利用电解原理，在某些金属表面镀上一薄层其他金属或合金的过程。电镀的方法是在含有被镀金属离子的水溶液（包括非水溶液、熔盐等）中，通过电流的作用，使正离子在阴极表面放电，得到金属薄膜。电镀是一种电化学过程，也是一种氧化还原过程。对电镀层的基本要求如下：

（1）与衬底金属结合牢固，附着力好；

（2）镀层完整，结晶细致紧密，孔隙率小；

（3）具有良好的物理、化学及机械性能；

（4）具有符合工艺要求的镀层厚度且要求膜厚均匀。

电镀工艺一般可以分为以下三种类型。

（1）水溶液电镀：水溶液电镀一般是在水中溶解可溶于水的金属盐，电解该溶液进行镀膜工艺。一般意义上的电镀工艺指的都是水溶液电镀。

（2）非水溶液电镀：这种方法是在有机溶剂或无机溶剂中溶解金属盐，电解该溶液进行镀膜工艺。目前这种方法极少应用于工业生产。

（3）熔盐电镀：这种工艺是加热融化金属盐类，电解融化盐进行电镀工艺。目前只有熔融铝盐电镀工艺在工艺生产中得到了应用。

电镀的过程实际上是在电解液中的简单金属离子或其络离子在电极与溶液界面间获得电子，被还原成为具有一定结构的金属晶体过程。因为这种金属晶体是在阴极还原的情况下形成的，因此又称为电结晶。金属的电结晶过程是一个复杂的过程，一般由以下几个连续的界面反应步骤组成，即液相传质过程、前置转化过程、电荷传递、表面扩散成核及形成结晶这几个主要步骤。这些步骤可以顺序进行，也可以同时进行。这些步骤对最终的镀层质量都有非常重要的影响，在电镀工艺控制中，主要都是针对这几个主要步骤进行控制改良和优化的。

电镀的工艺条件是指在电镀工艺操作时的变化因素，主要包括电流密度、电镀工艺温度、搅拌方式和电流的波形等工艺条件。电镀时考察的主要是阴极的电流密度，即阴极电流密度。任何电镀液都有一个获得良好镀层质量的阴极电流密度范围。一般来说，当阴极电流密度过低时，在阴极极化作用下，镀层的结晶颗粒较粗，随着阴极电流密度的增大，阴极的极化作用随之增强，镀层的结晶变得细致紧密，但是阴极电流密度不能过大，如果超过了阴极密度的上限值，由于还原反应加快，在阴极附近会形成缺少金属离子的现象而导致电镀工艺中"烧焦"现象的出现。因此，在电镀工艺时，要根据被镀件的形状、阴阳极的距离及电镀液等相关因素，综合考虑计算而确定所需电镀的阴极电流密度。

电镀溶液的温度对镀层质量的影响主要是由电镀液温度的变化对阴极极化作用造成的。当电镀液温度升高时，通常会加快阴极反应速度和离子扩散速度，降低阴极的极化作用，因此也会使镀层结晶变粗糙，影响电镀层质量。但是不能简单地认为升高温度对电镀工艺质量都是不利的。如果整个电镀工艺的条件配合恰当，升高电镀液的温度也会取得良好的工艺效果。如升高电镀液的温度会提高阴极电流密度的上限，这样可以提高阴极极化作用，从而弥补温度升高所带来的结晶粗糙问题，此外，提高电镀液的温度，还可以提高电镀液的导电性、促进阳极溶解、提高阴极电流效率、减少针孔和降低镀层内应力等效果。

在电镀工艺中通常采用搅拌的方式来加速溶液的对流，搅拌会使阴极附近消耗的金属离子得到及时补充并降低阴极的浓差极化作用，因此在其他条件相同的情况下，搅拌会使镀层的成核速度小于晶核的成长速度，导致镀层的结晶变粗糙。然而在电镀工艺中，通过搅拌的作用可以提高允许的阴极电流密度上限值，这样就可以克服因搅拌作用而降低阴极极化作用而产生的结晶颗粒变粗糙的现象，采用搅拌方式可以在较高的电流密度和较高的电流效率下得到精密细致的电镀层，提高工艺产出的效率。采用搅拌方式的电镀工艺中的电镀液必须定期过滤或更新，以去除电镀液中的各种固体杂质，防止镀层结合力降低并引起镀层粗糙、疏松，且可以提高镀层的致密程度。目前在电镀工艺中经常采用的搅拌方式主要有阴极移动搅拌法、压缩空气搅拌法和电镀液循环等多种方法，应根据具体的电镀层要求采用合适的电镀搅拌工艺。

电镀工艺中常用的电源有整流器和直流发电机，根据交流电源的相数及整流电路的不同，可以获得各种不同的电流波形。而各种不同的电流波形对电镀层的结晶组织、光亮度、镀液的分散能力和覆盖能力、合金成分、添加剂的消耗等方面都有影响。目前在电镀工艺中，一般除采用直流电镀外，经常采用周期换向电流和脉冲电流来进行电镀工艺加工。

在电镀工艺中，衬底金属对镀层质量的影响非常关键。镀层金属与衬底金属的结合是否良好与衬底金属的化学性质有着密切的关系。而在进行电镀前，衬底金属的准备工作也对镀层的质量起着重要的影响作用，因为在有缺陷的衬底金属表面，要获得高质量镀层是非常困难的。

在电镀工艺中，几何因素的影响也是不可忽视的。电镀工艺中的几何因素包括渡槽的大小和形状、阳极的形状和配置、被镀零件的形状及夹具的形状等。电镀工艺中的几何因素需要综合考虑布局，如渡槽一般的设计是要考虑被镀件的产量、大小及形状等综合因素。而电镀夹具的设计是电镀几何因素中往往被忽略的一个重要因素。电镀夹具对电镀工艺的影响非常大，应该根据导电截面，并且考虑整体的电流密度和夹具的数量进行电镀夹具的设计。另外，被镀件的形状与几何尺寸也要与渡槽的几何尺寸、夹具及阳极的形状进行综合考虑设计，对于每个被镀件都要计算其受镀表面积以确定电镀加工时所需要的电流密度。

电镀主要包含 4 个方面：电镀液、电镀反应、电极与反应原理和金属的电沉积过程，如图 8-5 所示。

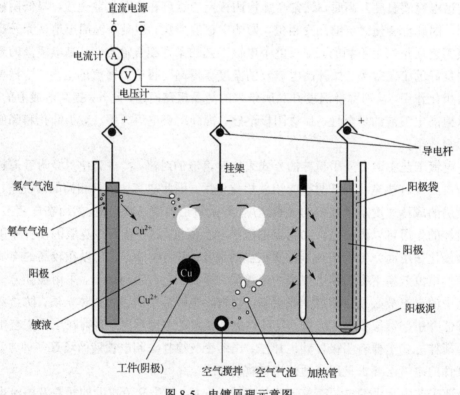

图 8-5　电镀原理示意图

被镀的零件为阴极，与直流电源的负极相连。金属阳极与直流电源的正极相连，阳极与阴极均浸入电镀液中。当在阴极和阳极间施加一定电压时，在阳极表面发生金属溶解在电镀液中，形成被镀金属离子，被镀金属离子在电场的作用下移动到阴极表面，在阴极发生氧化还原反应，在阴极表面析出金属形成电镀层。

目前半导体工艺加工中常用的电镀技术主要有镀铜、无氰镀金等，而电镀金工艺由于金镀层具有接触电阻低、导电性能好、可焊性好、耐腐蚀性强而在集成电路制造中具有广泛的应用。集成电路制造随着集成度的逐步提高，对电镀金的性能，如镀层均匀性、粗糙度、硬度、剪切力、可焊性等提出了更高的要求，因此目前对电镀金的工艺要求也越来越高，但只要选择合适的电镀设备和电镀液，严格控制电镀工艺参数，仍然可以得到性能良好的金镀层，以满足集成电路工艺制造的要求。

8.4　化　学　镀

化学镀是在无电流通过（无外界动力）时，借助还原剂在同一溶液中发生氧化还原反应，从而使金属原子还原沉积在被镀件表面的一种薄膜沉积技术。化学镀是一种新型的金属表面处理技术，这种技术以其工艺简便、节能、环保而日益受到人们的关注。化学镀的应用范围非常广泛，镀层均匀，能提高被镀件的耐腐蚀性和使用寿命，能提高被镀件的耐磨和导电能力，并且能提高被镀件的润滑性等特殊功能，因此化学镀技术成为了全世界表面处理技术的一个新发展。

随着工艺的发展和进步，化学镀已经成为具有很大发展前途的工艺技术，化学镀可以在金属、半导体和非导体等各种材料表面进行金属薄膜的镀覆。并且化学镀不管被镀件的形状如何复杂，凡是能接触到镀液的位置都能获得厚度均匀的镀层。化学镀无须电源，镀层致密，针孔少。化学镀的缺点是镀液的稳定性较差，镀液的维护、调整和再生比较复杂，成本比电镀工艺高，化学镀的镀层材料容易表现出较大的脆性。

在进行化学镀时，应满足一些基本的条件。在镀液中还原剂的还原电位要显著低于沉积金属的电位；镀液应该不发生自发分解；在进行工艺加工时，通过调节镀液的 PH 值和镀液温度，可以控制金属的还原速率，从而能达到控制镀层覆盖率的目的；被还原析出的金属应具有催化活性，从而使氧化反应能持续进行，即确保化学镀工艺能够持续进行；最后，镀液需要具有足够的使用寿命，减少维护和再生的次数，降低成本。影响化学镀的主要因素有镀层中微粒的含量、镀液的搅拌频率和强度及镀液的稳定性等。为了提高化学镀的镀层质量，在镀液中加入稳定剂和连续过滤镀液，并且要适当限制进入镀液中镀件的大小与体积。

化学镀与电镀的最大不同是化学镀不需要外加电源并且镀层厚度均匀，衬底可以是导体和非导体。但是化学镀与电镀相比，镀液寿命短，镀液成分相当复杂，成本高，镀液受 PH 值影响较大，镀液不稳定。

化学镀层作为功能性镀层，未来将向两个方面发展。一方面，在已有的基础上进一步完善提高；另一方面，发展功能多样化，和与其他先进的辅助技术相互融合，包括计算机的辅助设计、激光、紫外光诱导的化学镀等先进技术相结合等。作为一种优良的表面处理技术，化学镀还有很多应用领域待进一步开发，如在航空及军用器材的表面化学镀、医疗器件的表面化学镀等。

8.5　旋　涂　技　术

在半导体工艺加工非常重要的图形转移工艺中，经常使用一种旋涂技术（Spincoating）。

这种旋涂技术不仅仅用来进行图形转移操作，在半导体工艺加工过程中，旋涂技术也是一种常用的薄膜加工技术。旋涂法涉及许多物理化学过程，在旋涂工艺中需要考虑的工艺参数主要包括薄膜的结构、厚度、面积等性能参数及转速、粘度和挥发速率等操作参数。

旋涂技术是指在半导体工艺加工中，衬底基片垂直于自身表面的轴旋转，同时把液态涂覆材料涂敷在衬底基片表面上的工艺。旋涂工艺主要设备为匀胶机，主要包括配料、高速旋转、挥发成膜三个主要工艺步骤。简单地说，旋涂法工艺可以通过控制匀胶机旋转的时间、转速、滴液量及所用溶液的浓度、粘度来控制薄膜的厚度。旋涂技术的示意图如图 8-6 所示。作为众多的薄膜制备方法之一，旋涂法具备薄膜厚度精确可控、高性价比、节能、低污染等优势，在微电子技术、纳米光子学、生物学、医学等领域有着广阔的应用前景。

图 8-6　旋涂工艺的示意图

旋涂工艺已经在薄膜工艺中使用了几十年了。典型的应用就是半导体工艺中的光刻工艺中的匀胶工艺。旋涂法因为所用的流体粘度较大，一般呈现胶体状，所以通常被称为匀胶工艺。典型的旋涂工艺主要分为滴胶、高速旋转和干燥（溶剂挥发）这三个步骤。首先，滴胶将旋转液滴注到衬底表面上，然后通过高速旋转将液体铺展到衬底上形成均匀厚度的薄膜，再通过干燥去除剩余的溶剂，最后得到性能稳定、厚度一致的薄膜。滴胶有两种不同的方法，一种是静态滴胶，另外一种是动态滴胶。在旋涂工艺中，高速旋转和溶剂干燥是控制薄膜厚度、结构等性能的关键工艺步骤，因此，在旋涂工艺中，如何根据工艺的要求而控制这两个参数是旋涂工艺研究的重点。

旋涂工艺符合光学、微电子学、纳米电子学等许多薄膜类器件的制备要求。在微电子行业中，运用旋涂法制备的薄膜可以广泛应用于 LED 显示屏、微处理器等电子器件。旋涂法与电化学法、PVD/CVD 等薄膜制备方法相比，具有工艺条件简单、操控简单方便等独特优势，所以在降低污染、节能、提高性价比等方面具有很大的吸引力。近年来，旋涂工艺受到人们的重视，不断推广应用到物理学、医学和生物学等领域。

旋涂技术作为薄膜制备的一种具有非常高性价比的工艺技术，应用了几乎一个世纪了，并且已经成为制备许多聚合物功能薄膜的首选工艺方法。随着各种精密分析技术的不断改进，旋涂工艺具有的高性价比、节能和低污染的优势也将更加明显，所以人们对旋涂工艺的研究、开发及应用也必将越来越重视。

8.6　溶胶-凝胶法

溶胶-凝胶法（Sol-Gel Method）就是利用含高化学活性组分的化合物做前驱体，在液相下将这些原料均匀混合并进行水解、缩合化学反应，在溶液中形成稳定的透明溶胶体系。溶胶经陈化胶粒间缓慢聚合，形成三维网络结构的凝胶，凝胶网络间充满了失去流动性的溶剂形成凝胶。

溶胶-凝胶起源较早，但是应用到工业方面比较晚。直到 20 世纪，溶胶-凝胶技术被应用于制备块状多组分凝胶玻璃后才得到材料界学者的广泛关注。溶胶（Sol），又称胶体溶液，是指在液体介质中保持固体物质不沉淀，固体粒子 1～100nm 直径大小的胶体体系。溶胶也是指微小的固体颗粒悬浮分散在液相中并且不停地进行布朗运动的体系，因此溶胶指的是一种状态，而不是一种物质。

利用溶胶-凝胶法制备薄膜涂层的基本原理是：将金属醇盐或无机盐作为前体，溶于溶剂（水或有机溶剂）中形成均匀的溶液，溶质与溶剂产生水解或醇解反应，反应生成物聚集成几纳米左右的粒子并形成溶胶，再以溶胶作为原料对各种基材进行涂膜处理。溶胶膜经凝胶化及干燥处理后得到干的凝胶膜，最后在一定的温度下烧结，即得到所需的涂层。

溶胶-凝胶法与其他方法相比，具有许多独特的优点：

（1）由于溶胶-凝胶法中所用的原料首先被分散到溶剂中而形成低粘度的溶液，因此，就可以在很短的时间内获得分子水平的均匀性，在形成凝胶时，反应物之间很可能是在分子水平上被均匀地混合；

（2）由于经过溶液反应步骤，那么就很容易均匀定量地掺入一些微量元素，实现分子水平上的均匀掺杂；

（3）与固相反应相比，化学反应将容易进行，而且仅需要较低的合成温度，一般认为溶胶-凝胶体系中组分的扩散在纳米范围内，而固相反应时组分扩散是在微米范围内，因此反应容易进行，温度较低；

（4）选择合适的条件可以制备各种新型材料。

溶胶-凝胶法也存在某些问题：

（1）使用的原料价格比较昂贵，有些原料为有机物，对健康有害；

（2）通常整个溶胶-凝胶过程所需时间较长，常需要几天或几周；

（3）凝胶中存在大量微孔，在干燥过程中又将会逸出许多气体及有机物，并产生收缩。

溶胶-凝胶法作为低温或温和条件下合成无机化合物或无机材料的重要方法，在软化学合成中占有重要地位。在制备玻璃、陶瓷、薄膜、纤维、复合材料等方面获得重要应用，更广泛用于制备纳米粒子。

溶胶-凝胶工艺的具体应用主要有以下几个方面：

（1）材料学：高性能粒子探测器，隔热材料，声阻抗耦合材料，电介质材料，有机-无机杂化材料，金属陶瓷涂层耐蚀材料，纳米级氧化物薄膜材料，橡胶工业；

（2）催化剂方面：金属氧化物催化剂，包容均相催化剂；

（3）色谱分析：制备色谱填料，制备开管柱和电色谱固定相、电分析、光分析等。

在半导体加工工艺中，还有一些其他的薄膜制备工艺，如丝网印刷工艺（Silk Printing）、点镀工艺、电解工艺、阳极氧化工艺及烧附法等。但是在实际的生产应用中，由于这些工艺的特殊性而应用面比较窄，在这里就不再详细介绍了。

本 章 小 结

本章对其他一些在前面章节中没有介绍，但是在半导体加工制造中常用的半导体薄膜加工技术进行了介绍。这些常用的薄膜加工技术不仅仅应用在半导体加工工艺中，在其他制造领域也有广泛的应用。外延技术是精密薄膜生长工艺，但是由于设备昂贵，有些外延技术，如 MBE 工艺还不能应用于大规模生产。离子束沉积和离子镀技术在 VLSI 工艺中，目前已经取得了广泛的应用。电镀技术是比较古老的镀膜工艺，但是对这种工艺的研究一直没有停止过，并且对该工艺的设备、技术还不断地改革和进步。另外，在本章中还对其他一些薄膜工艺，如 SOL-GEL 等进行了简介，通过学习本章，配合本书前面的章节，可以充分了解半导体薄膜技术，对今后想要从事相关研究提供良好的技术基础。

习　　题

1. 简述外延技术的定义。
2. MBE 分子束外延的优缺点是什么？
3. 液相外延与其他外延技术相比有什么优点？
4. VPE 气相外延的特点是什么？
5. VPE 的作用是什么？
6. 简述 SEG 选择性外延生长技术。
7. 什么是离子束沉积技术？
8. 目前常见的离子束沉积技术有哪几种？
9. 离子束沉积技术的独特优点是什么？
10. 离子镀技术有什么特点？
11. 电镀技术的目的是什么？
12. 电镀层的基本要求是什么？
13. 电镀工艺一般可以分为哪几种类型？

14. 电镀工艺条件都包括哪些内容？它们对电镀工艺质量都有什么影响？

15. 电镀工艺主要包含哪几个方面？

16. 什么叫做化学镀？化学镀与电镀的区别是什么？

17. 常见的 Spin-coating 技术应用是哪一种应用？

18. Sol-Gel 技术的基本原理是什么？

19. Sol-Gel 独特的优点是什么？

参考文献

[1]　厦门大学物理系半导体物理教研室编. 半导体器件工艺原理[M]. 北京：人民教育出版社，1977.

[2]　佘思明. 半导体硅材料学[M]. 长沙：中南大学出版社，1992.

[3]　张允诚，胡如南，向荣. 电镀手册（第二版）[M]. 北京：国防工业出版社，1997.

[4]　庄同增，张安康，黄兰芳. 集成电路制造技术——原理与实践[M]. 北京：电子工业出版社，1992.

[5]　张劲燕. 半导体制程设备[M]. 中国台北：五南图书出版公司，1993.

[6]　田民波，刘德令. 薄膜科学与技术手册[M]. 北京：机械工业出版社，1991.

[7]　关旭东. 硅集成电路工艺基础[M]. 北京：北京大学出版社，2003.

[8]　田民波. 薄膜技术与薄膜材料[M]. 北京：清华大学出版社，2006.

[9]　O. D. 图雷普，等编. 王正华，叶小琳，夏如兴，等译. 半导体器件工艺手册[M]. 北京：电子工业出版社，1987.

[10]　薛增泉，吴全德，李浩. 薄膜物理[M]. 北京：电子工业出版社，1991.

[11]　J.M.波特，K.N.杜，J.W. 迈耶. 薄膜的相互扩散和反应[M]. 北京：国防工业出版社，1983.

[12]　朱贻玮. 中国集成电路产业发展论述文集[M]. 北京：新时代出版社，2006.

[13]　STANLEY WOLF，RICHARD N.TAUBER. SILICON PROCESSING FOR THE VLSI ERA: VOLUME 1: PROCESS TECHNOLOGY[M], Second Edition.Lattice Press, 2000.

[14]　Hong Xiao,INTRODUCTION TO SEMICONDUCTOR MANUFACTURING TECHNOLOGY[M]. Rroentice Hall, 2001.

[15]　James D.Plummer,Michael D.Deal,Peter B.Griffin. Silicon VLSI Technology: Fundamentals, Practice and Modeling[M]. 北京：电子工业出版社，2003.

[16]　Werner Kern. 陆晓东，伦淑娴，于忠党，周涛，译. 半导体晶片清洗——科学、技术与应用[M]. 北京：电子工业出版社，2012.

[17]　王喆垚. 微系统设计与制造[M]. 北京：清华大学出版社，2008.

[18]　施敏，伍国珏，著. 耿莉，张瑞智，译. 半导体器件物理（第三版）[M]. 西安：西安交通大学出版社，2008.

[19]　James D.Plummer,Michael D.Deal,Peter B.Griffin 著. 严利人，王玉东，熊小义，译. 硅超大规模集成电路工艺技术——理论、实践与模型[M]. 北京：电子工业出版社，2005.

[20]　Michael Quirk,Julian Serda 著. 韩郑生，等译. 半导体制造技术[M]. 北京：电子工业出版社，2008.

[21]　SEMATECH,Oxidation Processes,module in Furnace Processes and Related Topics,p.7.

[22]　B.Deal and A.Grove,General Relationship for the Thermal Oxidation in Silicon. Journal of Applied Physics(1965):pp.3770-3778.

[23]   D.Schroder,Semiconductor Material and Device Characterization,2nd.ed.[M].New York:Wiley,1998.

[24]   L.Peters,Thermal Processing's Tool of Choice:Single-Wafter RTP or Fast Ramp Batch?. Semiconductor International[J], 1998.

[25]   C.Porter et al., Improving Furnaces with Model-Based Temperature Control.Solid State Technology [J], 1996.

[26]   R.Jackson et al., Processing and Intergration of Copper Interconnects. Solid State Technology[J], 1998.

[27]   P.Singer, The Future of Dielectric CVD: High-Density Plasmas? Semiconductor Interational[J], 1997.

[28]   S.Sivaram,Chemical Vapor Deposition: Thermal and Plasma Deposition of Electronic Materials[M]. New York: Van Nostrand Reinhold, 1995.

[29]   J.Baliga, Options for CVD of Dielectrics Include Low-k Materials. Semiconductor International[J], 1998.

[30]   G.Anner,Planar Processing Primer(New York: Van Nostrand Reinhold, 1990.

[31]   A.Jones and P.O'Brien, CVD of Compound Semiconductors: Presursor Synthesis, Development and Applications[M], Weinheim,Germany:VCH, 1997.

[32]   SEMATECH. Desposition Processes, Furnace Processes and Related Topics[M]. Austin, TX: SEMATECH, 1994.

[33]   H.Cheng, Dielectric and Polysilicon Film Desposition,ULSI Technology,ed.C.Chang and S.Sze[M],New York:McGraw-Hill, 1996.

[34]   G.Anner,Planar Processing Primer,New York:Van Nostrand Reinhold, 1990.

[35]   J.Mayer and S.Lau,Electronic Materials Science:For Integrated Circuits in Si and GaAs:New York: Macmillan, 1990.

[36]   P.Singer,Furnaces Evolving to Meet Diverse Thermal Processing Needs,Semiconductor International, 1997.

[37]   Industry Watch,Thermal Processing:Meeting the Challenges of 300mm.Semiconductor International, 1998.

[38]   P.Singer,The Future of Dielectric CVD:High-Density Plasmas, Semiconductor International, 1997.

[39]   S.Sivaram,Chemical Vapor Deposition: Thermal and Plasma Deposition of Electronic Materials.New York:Van Nostrand Reinhold, 1995.

[40]   J.Baliga,Options for CVD of Dielectrics Include Low-k Materials,Semiconductor International. 1998.

[41]   A.Jones and P.O'Brien,CVD of Compound Semiconductors:Precursor Synthesis, Development and Applications.Weinheim,Germany:VCH, 1997.

[42]   H.Cheng,Dielectric and Polysilicon Film Desposition.Solid State Technology. 1979.

[43]   G.Schwarta and K.Srikrishnan,Interlevel Dielectrics,Handbook of Semiconductor Interconnection

Technology.ed.G.Schwartz,K.Srikrishnan,and A.Bross.New York:Marcel Dekker: 1998.

[44]　B.El-Kareh,Fundamentals of Semiconductor Processing Technologies.Boston:Kluwer Academic Publishers:1995.

[45]　H.Cheng,Dielectric and Polysilicon Film Deposition,ULSI Technology.

[46]　C.Apblett et al., Silicon Nitride Growth in a High-Density Plasma System, Solid State Technology, Nov.1995.

[47]　P.Burggraaf, Advanced Plasma Sources: What's Working?, Semiconductor International,May 1994.

[48]　J.Bondur et al., Impact of Electrostatic Chuck Performance on HDP CVD SiO_2 Films, 52nd Symposium on Semiconductors and Integrated Circuits Technology,Osaka,Japan.

[49]　M.Bohr, International Ccaling-The Real Limiter to High Performance ULSI, Solid State Technology,Sep.1996.

[50]　S.Murarka,Low Dielectric Constant Materials for Interlayer Dielectric Applicationa, Solid State Technology,Mar.1996.

[51]　D.Kotechi,High-k Dielectric Materials for DRAM Capacitors, Semiconductor International,Jan.1998.

[52]　P.Van Cleemput et al., HDPCVD Films Enabling Shallow Trench Isolation, Semiconductor International,July. 1997.

[53]　L.Peters, Choices and Challenges for Shallow Trench Isolation, Semiconductor International, Apr.1999.

[54]　T.Batchelder et al., In-line Cure of SOD Low-k Films, Solid State Technology,Mar. 1999.

[55]　S.Campbell, The Science and Engineering of Microelectronic Fabricaiton,New York:Oxford University Press, 1996.

[56]　P.J.Wang, Epitaxy, ULSI Technology,ED.C.Chang and S.Sze,New York:McGraw-Hill,1996.

[57]　A.Thompson,R.Stall and B.Kroll, Advances in Epitaxial Deposition Technology,Semiconductro International.July. 1994.

[58]　Handbook of Contamination Controlin Microelectronics.(D.L.Tolliver,ed),Noyes Publications,Park Ridge,NJ 1988.

[59]　Dillenbeek,K., Particle Control for Semiconductor Manufacturing.M.Dekker Inc.,New York 1990.

[60]　Rao R.Tummala, Fundamentals of Microsystems Packaging. McGraw-Hill, 2001.

[61]　Chapman B.N. Glow Discharge Processes:Sputtering and Plasma Etching. New York:John Willey&Sons,Inc.1980.

[62]　Herman M A and Sitter H. Moleculer beam epitaxy,fundamental and current status. Berlin: Springer-Verlag, 1989.

[63]　Chung.L.L and Loog.K, Molecular beam epitaxy and bet-cro-structures,NATO SAI Series:Applied Sciences-87, Mratinuw Nijhoff Publishers, 1995.

[64]　Jmamori K,Mastuda A,Matsumura H,Influence of a Si:H deposition by catalytic CVD on transparent conducting oxide,Thin Solids Films,2001.

[65] Ohring.M,The materials Sciences of Thin Films,Academic Press,Boston,1992.

[66] Smith.D.I,Thin Film Deposition,McGraw-Hill Inc.New York,1995.

[67] Feldman.L.C.et al. Fundamentals of Surface and Thin Film Analysis,Elsevier Science Publishing Co.Inc,Amsterdam,1986.

[68] Plano,L.S.G,Growth and CVD Diamond for Electronic Application,Kluwer Academic Publishers, Boston, 1995.

[69] 陈宝清. 离子镀及溅射技术. 北京：国防工业出版社，1990.

[70] 唐伟忠. 薄膜材料制备原理、技术及应用. 北京：冶金工业出版社，1998.

[71] 吴自勤，王兵. 薄膜生长. 北京：科学技术出版社，2001.

[72] 陈国平. 薄膜物理与技术. 南京：东南大学出版社，1993.

[73] 杨邦朝，王文生. 薄膜物理与技术. 成都：电子科技大学出版社，1994.

[74] 王力衡，黄运添，郑海涛. 薄膜技术. 北京：清华大学出版社，1991.

[75] 金曾孙. 薄膜制备技术及其应用. 长春：吉林大学出版社，1989.

[76] 赵化桥. 等离子体化学与工艺. 合肥：中国科学技术大学出版社，1992.

[77] 郑伟涛. 薄膜材料与薄膜技术. 北京：化学工业出版社，2004.

[78] 麻蒔立男. 陈昌存，等译. 薄膜技术基础. 北京：电子工业出版社，1988.

[79] 王福贞，闻立时. 表面沉积技术. 北京：机械工业出版社，1989.

[80] A.G.Revesz.The Defects Structure of Grown Silicon Dioxide Films.IEEE Trans. Electron Devices, vol.ED-12, 1965:97.

[81] M.M.Atalla.Semiconductor Surfaces and Films,the $Si-SiO_2$ System.Properties of Elemental and Compound Semiconductors.H.Gstos.Ed.,Interscience,New York:vol.5:163～181.

[82] J R Ligenza and W G Spitzer.The Mechanisms for Silicon Oxidation in Steam and Oxygen.J.Applied Physics, Chem. Solids, vol. 14, 1960:131.

[83] B E Deal and A S Grove.General Relationship for the Thermal Oxidation of Silicon.J.Applied Physics, vol.36, 1965: 3770.

[84] W Kern, D A Puotinen.RCA Review.vol.31, 1970:187.

[85] 菅井秀郎. 张海波，译. 等离子体电子工程学. 北京：科学出版社，2002.

[86] G K Wehner and D Rosenberg. Hg Ion Beam Sputtering of Metals at Energies4-15keV.J.Applied Physics, vol.32, 1962:177.

[87] P Burggraaf.Straightening Out Sputter Deposition.Semiconductor Interantional, August, 1995:69.

[88] A C Adams.Dielectric and Polysilicon Film Deposition in VLSI Technology.McGraw-Hill,New York: 1983.

[89] M L Hitchman,et al.Polysilicon Growth Kineties in a Low Pressure CVD Reactor.Thin Solid Films, vol.59, 1979:231.

[90] L Sullivan and B Han. Vapor Delivery Methods for CVD:An Equipment Selection Guide.Solid State Technology, May, 1996:91.

[91]   W Kern. Deposited Dielectrics for VLSI. Semiconductor international vol.8(7),1985:122.

[92]   C W Manke and L F Donaghey. Numerical Simulation of Transport Processes in Vertical Cylinder Epitaxy Reactors.Proceedings of Vith Chemical Vapor Deposition-Tenth International Conference.The Electrochem.Soc.,Pennington,NJ:1977:151.

[93]   L Sullivan and B Han.Vapor Delivery Methods for CVD: An Equipment Selection Guide.Solid State Technology, May, 1996:91.

[94]   W Kern and V Ban.Chemical Vapor Deposition of Inogranic Thin Film.in Thin Film Processes, Academic, New York: 1978:257~331.

[95]   M Hammond. Intro.To Chemical Vapor Deposition.Solid State Technology.December 1979:61.

[96]   P Singer.Techniques of Low Pressure CVD.Semiconductor International.May, 1984:72.

[97]   K. F. Roenigk and K. F. Jensen. Low Pressure CVD of Silicon Nitride, J. Electrochem. Soc., vol.134(7), 1987: 1777-1785.

[98]   W Kern et al. Optimized chemical vapor deposition of borophosphosilicate glass films, RCA Review, vol. 46, 1985: 117-152.

[99]   G Harbeke,et al.LPCVD Poly-Si:Growth and Physical Properties of In Situ Phosphorus Doped and Undoped Films.RCA Review 44,June,1983:287.

[100]   G Harbeke,et al. Growth and Physical Properties of LPCVD Polycrystalline Silicon Films.J.Electrochem.Soc.,vol.131,March 1984:675.

[101]   M Venkatesan and I Beinglass.Single-Wafer Deposition of Polycrystalline Silicon. Solid State Technology,March,1993:49.

[102]   M L Walke and N E Miller. Control of Polysilicon Film Properties.Semiconductor International. vol.7(5), 1984:90.

[103]   T.I.Kamins.Resistivity of LPCVD Poly-Si Films.J.Electrochem.Soc.,vol.126,1979:833.

[104]   M Sternheim,et al.,Properties of Thermal Oxides Grown of Phosphorus In Situ Doped Poly-Silicon.J.Electrochem.Soc.vol.130,1983:1735.

[105]   T B Gorczyca and B Gorowitz.PECVD of Dielectrics.in VLSI Electronics Micro-structrue Science. Academic, New York: vol.8, Chap.4, 1984:69.

[106]   W Kern,R S Rosler. Advances in Deposition Processes for Passivation Films.J.Vac.Sci.and Technol. vol.14, 1997:1082.

[107]   G W Hills,A S Harrus,and M J Thoma.Plasma TEOS as an Intermetal Dielectric in Two Level Metal Technology. Solid State Technology,April,1990:127.

[108]   A C Adams and C D Capio.The Deposition of Silicon Dioxide Films at Reduced Pressure. J. Electrochem. Soc. vol. 126, 1979:1042.

[109]   H W Fry,et al. Application of APCVD TEOS/O3 Thin Films in ULSI IC Fabrication. Solid State Technology, March, 1994:31.

[110]   J P McVittie,et al.LPCVD Profile Simulator Using a Re-Emission Model.Technology Digest IEDM.

1990: 917.

[111] B Mattson.CVD Films for Interlayer Dielectrics. Solid State Technology,January,1980:60.

[112] J A Appels,et al.Local Oxidation of Silicon and its Applications in Semiconductor Device Technology. Phillips Res. Reports 25, 1970:118.

[113] P W Bohn and R C Manz.A Multiresponse Factorial Study of Reactor Parameters in PECVD Growth of Amorphous Silicon Nitride.J.Elcetrochem.Soc.vol.132,August 1985:1981.

[114] B Gorowitz,T B Gorczyca,R.J.Saia. Application of PECVD in VLSI. Solid State Technology, June, 1985:197.

[115] S Sivaram.Chemical Vapor Deposition.McGraw-Hill,New York:1985.

[116] K C Saraswat et al.Properties of Low Pressure CVD Tungsten Silicide for MOS VLSI Interconnection. IEEE Trans. on Electron Devices, vol. ED-30, No.11, November, 1983:1497.

[117] A Kaloyeros.Al Interconnects for ULSI:The CVD Route.Semiconductor International,November 1996:127.

[118] K Sugai,et al. Sub-Half Micron Aluminum Metallization Technology Using a Combiantion of CVD and Sputtering.Process VLSI Multilevel Interconnect Conference,1993:463.

[119] B J Baliga,et al.Epitaxial Silicon Technology.Academic Press.Orlando:1986.

[120] H.C.Theurer,et al.Epitaxial Diffused Transistors.Proc.IRE.vol.48,1960:1642.

[121] S.B.Kulkarni.Defect Reduction by Dichlorosilane Epitaxial Growth.Proc.of the Symposium on Defects in Si.Electrochem.Soc.,1983:558-567.

[122] E.Kasper and K Worner.Application of Si-MBE for Integrated Circuits in VLSI Science and Technology 1984.Electrochem.Society,NJ:429.

[123] M.L.Hitchman,et al.Polysilicon Growth Kineties in a Low Pressure CVD Reactor.Thin Solid Films,vol.59,1979:231.

[124] A.S.Grove,A.Roder and C.T.Sah,Impurity Distribution During Epitaxial Growth.J.Applied Physics, vol.36,1965:803.

[125] G.R.Srinivasen.Autodoping Effects in Si Epitaxy.J.Electrochem.Soc.,vol.127,1980:1334.

[126] G.R.Srinivasen.Kinetics of Lateral Autodoping in Silixon Epitaxy. J. Electrochem. Soc., vol. 125, 1990:146.

[127] J.Borland,et al.Silicon Epitaxial Growth for Advanced Structrues. Solid State Technology, January,1988:111.

[128] Stephen A Campbell. 曾莹，等译. 微电子制造科学原理与工程技术（第二版）. 北京：电子工业出版社，2003.

[129] P Joubert.The Effect of Low Pressure on the Structure of LPCVD Polycrystalline Silicon Films.J.Electrochem.Soc.1987,134(10):2541-2545.

[130] A Stoffel,A Kovcs,W Kronast,B Miler.LPCVD aganst PECVD for Micromechanical appliciations. Jouranl of Micromechanical&Microengineering, 1999,6(6):1.

[131] Tl Kamins.Structrue and Properties of LPCVD Silicon Films. J. Electrochem. Soc, 1980, 127(3):686-690.

[132] T Aoyama,G Kawachi,N Konishi, T Suzuki,Y Okajima,et al.Crystallization of LPCVD Silicon Films by Low Temperature Annealing,ResearchGate.

[133] RA Levy,ML Green.Characterization of LPCVD Aluminum for VLSI Processing.Symposium on VLSI Technology,2008,50(131):32-33.

[134] K Watanabe.Micro/Macrocavity Method Applied to the Study of the Step Coverage Formation Mechanism of SiO[sub2]Film by LPCVD.J.Electrochem.Soc,1990,137(4).

[135] Ml Alayo,I Pereyra,WL Scopel,MCA Fantini.On the nitrogen and oxygen incorporation in plasma-enhanced chemical vapor deposition(PECVD) SiOxNy films.Thin Solid Films, 2002, 402(1-2):154-161.

[136] MJ Loboda.New solution for intermetal dielectrics using trimethylsilanebased PECVD processes. Europeon Workshop on Materials for Advanced Metallization,1999,50(1-4):15-23.

[137] AD Prado,I Martil,M Fernandez,G Gonzalez-Eiaz.Full composition range silicon oxynitride films deposited by ECR-PECVD at room temperature.Thin Solid Films,1999,S343-344(1):437-440.

[138] M Ricci,M Trinquecoste,F Auguste,R Canet,P Delhase,et al.Relationship between the structrual organization and the physical properties of PECVD nitrogenated carbons.Journal of Materials Research,1993,8(3):480-488.

[139] JE Nady，AB Kashyout，S Ebrahim，MB Soliman. Nanoparticles Ni electroplating and black paint for solar collector applications，Alexandria Engineering Journal, 2016, 55(2): 723-729.

[140] K Hili，D Fan，VA Guzenko，Y Ekinci，Nickel electroplating for high-resolution nanostructures，Microelectronic Engineering, 2015, 141(C): 122-128.

[141] LT Romankiw.A path: from electroplating through lithographic masks in electronics to LIGA in MEMS.Electrochemica Actr,1997,42(20-22):2985-3005.